아이의 뇌

아이의 뇌

뇌과학에서 찾아낸
4가지 양육 원칙

A Child's Brain

김붕년 지음

포레스트북스

내면이 단단하고
따뜻한 아이로 키우려면

『아이의 뇌』가 세상에 나온 지 벌써 12년이 지났습니다. 시간이 빨리 간다는 것은 이미 체감하고 있었는데, 이 책의 개정판을 준비하다 보니 더욱 실감이 납니다.

이 책은 '어떻게 하면 아이들이 행복하게 살 수 있을까?', '아이들이 바라는 진정한 성공은 무엇일까?'라는 고민에서 시작되었습니다. 초등학생 두 아이를 키우던 아빠로서 저 역시 당연하게 아이들의 성공과 행복을 바라고 있었기 때문입니다.

사랑하는 아이들이 성공을 이루고, 그로 인해 행복을 얻기를 바라는 마음은 모든 부모들이 가진 공통된 꿈일 것입니다. 저는 내 아이가 내면이 단단하고 따뜻하면서 사고가 유연한 아이로 자라길 바랐습니다. 이제 와 돌아보면 그 역시 제 욕심인 것 같아 부끄럽기도 하지만 이 책을 처음 쓸 때의 제 마음과 생각은 아이들이 성인이 된 지금과 비교해도 크게 달라지지 않았습니다.

아이들이 발달 과정에 맞추어 부모와 따뜻한 애착을 경험하고 자기 조절 능력을 기초로 삼아 공감으로 사람들과 교류하고 소통하는 능력을 가지는 것이 성공과 행복의 길로 가는 중요한 과정이라 믿기 때문입니다. 따라서 부모의 양육 환경이 이 발달의 기초를 만들어주는 데 도움이 될 수 있도록 다양한 측면, 특히 뇌 발달에 대한 연구들을 꾸준히 정리해 왔습니다.

이 책에는 한 아이의 출생과 발달, 그리고 성장이라는 긴 여정 속에서 아이들의 진정한 '행복'에 초점을 맞추고 소아정신의학, 발달심리학, 뇌과학을 연구 도구로 삼아 길을 밝히는 한 발달뇌과학자의 탐구심과 모험심이 담겨 있습니다. 특히 이번 개정판을 준비하면서 12년 동안 새롭게 밝혀진 연구 결과들을 추가하고, 보완함으로써 아이를 기르는 부모들에게 좀 더 명확한 길잡이가 될 수 있도록 노력하였습니다.

아이들의 뇌 발달은 부분적으로 성장함과 동시에 매우 유기적이고 종합적으로 일어납니다. 마치 오케스트라의 협연을 연상시키기도 하는데 여러 복합적인 요소가 유기적으로 연결되어 서로에게 강력한 영향을 주기 때문입니다. 이때 뇌 발달의 목표는 주어진 환경에 최대한 잘 적응하는 것입니다.

발달과 관련된 뇌과학적 지식의 축적은 엄마 배 속에서부터 출산 후 역동적으로 변해가는 '아이의 뇌'를 이해하고, 그 변화가 애착과 조절 능력, 그리고 공감 능력을 통해 발전해 나가는 과정, 언어 인지의 발달과 함께 사고 능력이 확장되고, 주어진 환경에 맞는 사회성과 기술을 습득하는 성장의 모든 면면에 절대적인 영향을 끼칩니다. 따라서 아이의 뇌를 정확하게 안다는 것은 적절한 양육의 토대를 세우는 일과도 같습니다.

동시에 발달을 위한 자극을 어떻게 제공해야 하는지도 이해할 필요가 있습니다. 아이들의 뇌를 변화시키고 성장시키는 데 가장 중요한 자극이 양육과 교육이라면, 아이의 기질-기호에 맞는 다양한 요소들이 제공됨과 동시에 조화와 균형을 고려해야 하는 것입니다. 이를 위해서는 창의력, 상상력과 같은 생각 지능, 공감과 도덕성 같은 감성 지능, 자신이 생각한 바와 목표를 위해 체계적인 실천을 할 수 있게 하는 실행 기능이 골고루 발달할 수 있는 종합적 커리큘럼이 마련되어야 하겠지요. 이 책에는 뇌과학적 근거를 바탕으로 뇌 발달 자극에 도움이 되는 양육과 교육 방식이 구체적으로 소개되어 있습니다. 이를 실생활에서 잘 활용한다면 흔들림 없이 아이들을 이끌어주는 든든한 솔루션이 되어줄 것입니다.

10년이 넘는 시간이 지나면서 아이들의 교육 환경은 많이 달라졌지만 결코 변하지 않는 것이 있다면 아이들의 행복을 바라는 부모의 간절한 바람일 것입니다. 경쟁이 아닌 공감이, 쟁취가 아닌 어울림으로 가득한 세상에서 아이들이 마음껏 꿈을 펼치며 행복을 향해 나아가는 데 이 책이 조금이나마 힘이 되길 기원합니다.

서울 대학로 연구실에서

지은이 김붕년

차례

육아에 뇌과학이 필요한 이유

Part
2

세상을 향한 관점을 넓히는 생각 지능

Part
3

따뜻한 눈으로 타인을 보게 하는 정서 지능

Part
4

마음먹은 대로 행동할 수 있게 하는 실행 지능

육아에 뇌과학이
필요한 이유

변화무쌍한
아이의 뇌

아이의 뇌가 지닌 성질을 이해하려면 먼저 신경가소성Neuralplas-Ticity에 대해서 알아야 한다. 신경가소성이란, 아이의 마음과 지능을 구성하는 신경이 외부 자극에 의해 끊임없이 변하는 것을 말하는데, 아이의 발달에 있어 매우 중요한 점을 시사한다. 아이의 마음과 지능은 꾸준한 환경적 자극과 체계적 교육에 의해 크게 바뀔 수 있음을 의미하기 때문이다.

신경가소성이란 용어는 이미 130년 전부터 사용되기 시작했다. 미국 기능심리학의 개척자인 윌리엄 제임스William James는 1890년에 펴낸 저서 『심리학 원론The Principle of Psychology』에서, 인간의 뇌는 출생 후에도 새로운 뉴런(뇌세포)이 자랄 수 있다는 주장을 하면서 이 용어를 처음 소개했다. 그러나 그 후 약 50년간 사장되어 있다가 1940년대에 다시 주목받게 되었고, 오늘날에는 실증적인 실험 연구들이 뒷받침되면서 인간의 뇌 발달을 설명하는 가장 중요한 이론으로 주목받고 있다.

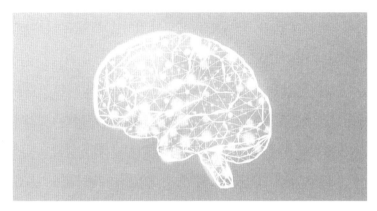

〈그림 1〉 신경가소성의 상징적인 모습

1970년대까지만 해도 뇌는 출생 후 고정된 구조와 기능을 가지고 있다는 시각이 압도적이었다. 특히 성장 과정 중에 새로운 뉴런이 생길 수 있다는 생각은 전혀 받아들여지지 않았다. 하지만 1980년대에 들어서면서 일부 학자들이 동물 실험을 통해 출생 후에도 뉴런이 만들어진다는 것을 증명했고 약물, 특히 항우울제에 의해 해마, 편도체 및 내측두엽의 뉴런이 재생된다는 사실이 알려지면서 새로운 국면을 맞게 되었다. 그런데 이 당시에도 신경가소성의 작용은 결정적 시기에만 가능한 것으로 받아들여졌다.

오늘날에는 뇌 손상을 입은 환자의 회복과 동물 실험을 통해 성인기에도 신경 재생이 가능하다는 증거들이 나오면서 신경가소성의 작용이 전 생애에 걸쳐 일어나는 것으로 알려져 있다. 하지만 신경가소성의 정도, 즉 얼마만큼의 변화가 일어날 수 있는가는 아이와 성인에 있어서 분명한 차이가 있다.

실제로 어린 시절 언어중추에 손상을 받을 경우, 뇌의 반대쪽 부위가 언어 기능을 대신해 주는 '뇌 신경망의 재조직화'가 일어난다. 이는 인간의 뇌는 고정된 하드웨어가 아니라, 환경 변화에 따라서 신경망의 연결 위치를 스스로 바꿀 수 있는 놀라운 힘이 있음을 보여주는 대표적인 사례다. 그러나 성인기에 언어중추에 손상을 입게 되면, 언어를 영구적으로 잃어버린다. 이 사실은 아동기의 신경가소성이 훨씬 강하다는 것을 보여주는 직접적인 증거라고 할 수 있다.

이때 신경가소성에 관여하는 물질이 바로 뇌유래신경성장인자BDNF brain derived neurotrophic factor다. BDNF가 활발하게 작용하지 못하면, 신경망의 새로운 형성은 일어나지 않는다. 인간이 고등동물로 진화할 수 있었던 것은 다양한 환경 변화 속에서 놀라운 적응 능력을 보여왔기 때문이다. 이렇게 적응 능력이 뛰어난 뇌를 만드는 데 중요한 역할을 하는 것이 바로 신경가소성이다.

그런데 신경망의 생존에도 진화의 법칙이 적용된다. 신경망이 사라지지 않고 지속적으로 그 영향력과 연결망을 넓혀나가려면, 그 신경망에 연결하려는 뉴런의 수가 많고 자주 활용되어야 한다. 즉, 주변 신경의 자극을 통해 신경성장인자가 끊임없이 활성화되어야 그 신경망이 계속 발달할 수 있다.

예를 들어 숟가락질이나 젓가락질 등 인간의 생존에 필요한 신경망일 경우에는 매일 그 자극이 자연스럽게 유지되므로 따로 훈련을 할 필요가 없다. 그러나 생존과 관련이 없는 바이올린 연주나 골프 스윙 같은 기술을 익혀야 하는 경우에는 꾸준하고도 의식적인 노력이 반드시 필요하다. 그렇지 않으면 그 기능과 관련된 신경망은 얼마 못 가 사라지고 만다.

신경망이 유지되거나 사라진다는 것은 뇌신경 사이의 무수히 많은 연결에 어떤 선택이 존재한다는 것을 의미한다. 그 사람이 주로 어떤 활동에 종사하고 어떤 취미활동을 하며 어떤 환경에서 살아가느냐가, 어떤 신경망을 유지시키고 어떤 신경망을 도태시킬 것인가를 결정하는 것이다.

다시 말해 과거 다윈이 주장한 환경에 대한 적자생존의 원칙이 뇌의 뉴런과 신경망 사이에서 일어난다고 할 수 있다. 그러므로 아이들에게 특정한 능력을 갖고 그것을 제대로 발휘할 수 있도록 하기 위해서는 그만큼의 시간과 노력이 든다는 사실을 알아야 한다.

{ 신경가소성의 놀라운 능력 }

대부분의 사람은 어린 시절 즐거웠던 기억만큼이나 아프고 잊고 싶은 기억도 가지고 있을 것이다. 그런데 어린 시절의 상처는 얼마나 지속될까? 심각한 외상을 보거나 직접 겪은 후에 나타나는 불안장애인 외상후 스트레스 장애post-traumatic stress disorder를 연구한 학자들은 어린 시절의 학대 경험이나 상처들이 성인이 된 후에도 영향을 미칠 수 있다고 말한다.

반복된 학대로 인한 상처는 분명 장기적인 후유증을 가져올 것이다. 그러나 상처받은 모든 사람들이 이런 후유증의 희생자는 아니다. 상처는 치유될 수 있고, 오히려 치유된 이후에는 그전보다 더 건강한 모습으로 회복되기도 한다. 이것 역시 뇌가 지닌 신경가소성 덕분이다. 신경가소성은 상처받은 많은 사람들을 치유하는 역할도 한다.

정신적으로 고통을 받던 사람이 오랜 상담 치료와 분석을 통해 새롭게 깨닫고 고통의 터널에서 빠져나오게 되는 것은 바로 새로운 신경망이 만들어졌기 때문이다. 이는 뇌에 새롭게 만들어진 신경망이 공고한 틀을 갖고 다른 신경망들과의 교류를 완성했다는 것을 의미한다. 그 결과 요즘에는 어린 시절의 상처 때문에 생긴 무의식적이고 병적인 신경망을 스스로, 또는 정신과 의사나 전문 상담가의 도움을 받아서 오랜 노력 끝에 변형시키는 치유적 과정이 가능하다. 또한 신경가소성을 활용하여 인지와 정서 능력 증진도 가능한 세상이 되었다.

유전일까
환경일까

아이들의 뇌가 건강하게 성장하기 위해서는 BDNF가 활성화되어야 한다. 이 물질은 뇌의 거의 모든 영역에서 만들어지지만, 해마, 측두엽, 전두엽 등 '배움'과 직결된 영역에서 가장 활성화된다.

여기서 말하는 배움이란 새로운 인식과 행동 패턴을 배우는 것으로, 뇌과학적으로는 뉴런과 뉴런 사이의 연결성이 더 강화되는 것을 뜻한다. 배움을 강화시키는 경험에는 새로운 지식뿐만 아니라 예술적 체험, 운동, 사람들과의 관계도 포함된다.

아이들의 뇌는 매우 말랑말랑하다. 이는 변화 가능성이 매우 크다는 뜻이다. 대략 만 7세까지 아이들에게 어떤 자극을 주느냐에 따라 뇌의 구조와 기능은 크게 바뀌게 된다.

전문적인 용어지만, 'epigenetic principle'이라는 말이 있다. 이 말은 '유전자 조절 원칙'이라고 번역할 수 있는데, 환경 자극으로 인해 특정 유전자의 발현 여부가 결정됨을 뜻한다. 여러 연구 결과, 마음과 행동을 지배하는 유전자들이 이 원칙에 더 잘 따른다는 사실이 밝혀졌다. 유전자를 발현시키는 스위치의 작동 여부를 조절하는 환경 자극이 존재한다는 것이다. 이 때문에 유전자와 환경은 서로 반대 개념이 아니라 동전의 양면과 같은 개념임이 밝혀졌다.

부모는 자녀에게 유전자라는 틀을 물려주지만 결국 이 유전자의 틀이 어떻게 발현될지는 자녀가 살아가는 환경이 어떠냐에 달려 있고, 어떤 경험을 하느냐가 결정적인 역할을 한다고 볼 수 있다. 이것은 동물과 인간의 차이이기도 하다.

{ 뇌가 가진 무한한 잠재력 }

인간 게놈 프로젝트Human Genome Project(인간 게놈에 있는 약 30억 개의 뉴클레오티드 염기쌍의 서열을 밝히는 것을 목적으로 한 프로젝트)는 수만 개로 추정되는 인간의 유전자를 구성하는 DNA의 모든 염기 서열을 완벽하게 파악하자는 거대한 실험으로, 1998년에 시작되어 2003년에 완성되었다. 전 세계 학자들이 대거 참여한 이 연구를 통해 인간의 유전자 중 단백질을 만들어내는 기능을 갖춘 부분이 1~1.5퍼센트에 불과하다는 것과, 인간 유전자 서열이 다른 동물들과 크게 다르지 않다는 것이 밝혀졌다. 인간이 다른 포유동물에 비해 뇌신경 쪽에서 발현되는 유전자를 더 많이 가지고 있을 것이라고 기대했던 과학자들은 크게 실망했다. 그런데 이후에 인간의 DNA에 관한 더욱 흥미로운 연구 결과가 발표되었다.

바로 인간의 유전자는 다른 동물에 비해서 단백질을 만들지 않는 부위가 더 넓은데, 이 부위가 쓸모없는 게 아니라 유전자의 발현(기능성 단백질을 만드는 것)을 결정하는 데 관여한다는 것이다.

이것이 인간에게 무슨 의미가 있을까? 다른 동물에 비하면 인간의 뇌는 매우 미숙한 상태로 태어난다. 대부분의 동물은 태어나서 바로 걷고, 뛰며, 어미의 행동을 거의 다 답습한다. 특별한 교육과 훈련이 필요 없다. 우리 아기들도 그렇다면 부모들이 얼마나 편할까? 태어나서 바로 걷고, 앉고, 젓가락질도 하고, 말하고, 스스로 공부하고, 대소변도 다 가린다면? 아마 육아에 대한 부담은 거의 사라지고 부모들은 천국에서 사는 것처럼 편안할 것이다.

그러나 아기의 뇌가 이런 능력 없이 태어나는 것은 뇌의 무한한 잠재력과 관련이 있다. 아기의 뇌가 지닌 잠재력은 당장에 드러나지는 않는다. 천천히 발달 시기에 맞게 하나씩 갖추어간다. 자극에 의해서 변화하고, 환경에 대한 적응력을 극대화시키기 위해서 아기는 미성숙한 뇌를 지닌 채 세상에 나오는 것이다.

가장 미성숙한 존재로 태어나 가장 고등한 동물로 성장하는 적응 능력의 비밀 속에는 환경 자극에 따른 유전자의 발현 조절 능력, BDNF의 역할, 그리고 신경가소성이 모두 관여한다. 이 세 가지 요소를 통해 인간은 모든 환경 자극을 뇌에 담아 가장 완벽하게 적응할 수 있도록 디자인된다.

요즘 성인의 신경가소성에 대해서 다양한 연구가 진행되고 있다. 물론 의미 있는 작업이다. 하지만 성인과 아이의 신경가소성은 엄청난 차이를 보인다. 성인이 되어도 뇌의 일부 부위, 특히 해마와 측두엽 부위에는 신경가소성이 어느 정도 활발하게 남아 있지만, 소아기의 신경가소성과는 비교할 것이 못 된다.

냉정히 얘기하자면, 인간은 태어나서 영아기-유년기-학령기 그리고 청소년기 동안, 유전과 환경의 상호작용을 통해 만들어진 뇌를 가지고 평생을 살아가는 것이다.

머리 좋은 아이들이
더 행복할까?

흔히 부모들은 '행복한 뇌 = 총명한 뇌'로 생각한다. 물론 총명한 뇌는 행복한 뇌로 가는 지름길임에 틀림 없다. 행복감에 대한 연구에서 지능이 갖는 영향력은 무시할 수 없다. 또한 지능은 어려움을 이겨내는 힘, 즉 '탄성resilience(회복력, 탄성, 탄력성 모두 동일 의미)'과 깊은 연관이 있다.

지능에는 다양한 의미가 포함된다. 현재 심리학 또는 정신의학에서 측정하는 지능지수는 크게 두 가지인데, 하나는 단어나 어휘를 얼마나 많이 아는지와 기억력을 측정하는 '언어적 능력지수'이고, 다른 하나는 공간 지각 능력이나 속도 등을 측정하는 '비언어적 능력지수'다.

그런데 적응에 유리한 뇌, 다시 말해 환경이 바뀌어도 쉽게 적응하는 높은 지능을 지닌 사람들은 모두 행복할까? 반드시 그렇지는 않다. 그 이유는 뇌가 행복을 인식하는 메커니즘을 이해하면 알 수 있다.

뇌과학적으로 보면 행복은 절정감(흥분 상태)이나 성취감과는 다른 편안하고 안정된 느낌, 즉 일상의 반복을 통해서 얻어진다. 신경전달물질로서 표현한다면, 행복은 흥분을 주관하는 도파민보다는 안정을 추구하는 세로토닌에 의해서 조절되는 것이다.

환경에 의해서 변화되는 정도는 아이들의 뇌에서 더 뚜렷하게 나타난다. 아이들의 뇌는 환경 자극에 따라 전혀 다른 반응을 보이는 뇌로 바뀔 수 있다. 그런데 아이가 편하고 안정된 상태를 지루한 것으로만 해석하면 진정한 행복을 누리는 데 어려움을 겪게 된다. 따라서 지루함에 익숙해지는 것이 아이들이 행복을 경험하기 위한 필요조건인지도 모른다.

자연은 대체로 지루하다. 시간을 들여 천천히 변화하며, 변화를 눈에 띄게 보여주지 않는다. 하지만 시간이 지나고 변화가 축적되면, 전혀 다른 모습을 보여주는 것이 자연이다. 아이가 자연과 가까워지면 그 변화를 감지할 수 있는 눈이 생긴다. 만약 아이가 작은 변화를 느끼는 민감한 뇌를 갖게 되었다면, 그 아이는 행복을 느낄수 있는 준비가 된 것이다.

그러나 우리 아이들이 학교 공부에 매몰되어 있거나 TV와 컴퓨터에 빠져 있으면 이렇게 귀한 자연의 혜택을 누릴 수 없다. 작은변화를 느낄 수 있으려면, 다시 말해 뇌가 감동을 받으려면 주의집중을 위한 신경망과 정서 경험을 위한 신경망이 함께 작동해야 한다. 이 신경망의 교차점이 뇌의 '대상회cingulate gyrus'다.

이 부위가 얼마나 잘 기능하는가가 '감동의 예민도가 얼마나 좋은가? 변화에 대해 주의집중을 얼마나 잘할 수 있는가?'를 결정한다. 다시 말해 대상회는 바로 우리 아이의 행복 회로를 이루고 있는뇌 부위 중 하나다. 행복한 뇌는 총명하고 똑똑한 뇌라기보다는, 변화를 감지하고 감동할 수 있는 뇌다. 그런 뇌는 자연 속에서 길러지고 성숙된다.

{ 감정과 이성이 교차하는 곳 }

'싱귤레이트cingulate'는 라틴어로 '허리띠'를 의미한다. 이 부위는실제로 허리띠 모양을 하고 있으며 뇌의 안쪽에 위치하고 있다. 허리띠 모양을 한자로 쓴 것이 대상회帶狀回다. 이 허리띠 모양의 뇌 부위 중 특히 앞부분이 행복의 열쇠를 가지고 있을 가능성이 높다.

하지만 이 부위에 문제가 생기면 많은 정신적 장애들의 원인이 되기도 한다. 양날의 칼인 셈이다. 잘 다루고 발달시키면 행복의 열쇠가 되지만, 기능이 나빠지거나 손상을 받으면 정신질환을 유발할 수도 있다.

대상회가 아이의 행복과 관련된 이유는 무엇일까? 그것은 바로 '감정의 뇌'와 '이성의 뇌'가 대상회에서 교차하기 때문이다. 인류의 조상이 직립보행을 거쳐 현재의 인간으로 진화해 오는 데에는 그리 오랜 시간이 걸리지 않았다. 진화의 역사에서 보면 극히 최근의 일이다. 인간의 뇌가 상대적으로 짧은 시간 동안 엄청난 속도로 진화해 온 결과물이 전두엽과 같은 이성의 뇌의 급성장이었다. 생각할 수 있는 능력이 인간의 현재를 만들었다고 해도 과언이 아니다. 하지만 그로 인해서 인간은 생각이 너무 많은 동물이 되어버렸고, 불필요한 생각에 지배를 당하기도 한다. 때에 따라서는 감정을 억눌러야만 하는 사회적 적응 과제도 문제가 된다. 인간 사회에서 쫓겨나지 않고 적절하게 처신하기 위해서는 감정, 특히 부정적 감정을 잘 통제해야 한다. 본능을 억제하는 일도 중요하다. 성욕이나 공격성 같은 동물적 본능을 다스리지 않고는 사회에 적응할 수 없기 때문이다.

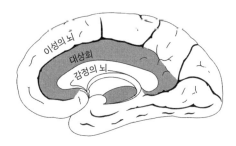

〈그림 2〉 허리띠 모양을 하고 있는 대상회

대상회는 이 어려운 과제를 떠맡고 있는 부위다. 전두엽을 도와 실행 기능executive function을 담당하며, 생각의 고위 중추 역할을 한다. 이와 동시에 감정 뇌의 일부로서 감정 처리와 형성에 관여한다. 즉 대상회는 이 두 가지 역할을 모두 조절하고 있다. 대상회의 이러한 기능을 '조현 기능coordination function'이라고 한다.

정신의학계에서는 '정신분열병'이라는 용어 대신 '조현병'을 사용한다. 정신분열병에서 보이는 사고 장애와 정서 장애가 인간 뇌의 조현 기능에 결함이 생겨서 발생한다는 과학적 연구 결과들을 반영할 수 있기 때문이다. 대상회의 조현 기능이 망가지면 조현병 외에도 여러 가지 정신장애, 즉 우울증, ADHD(주의력결핍과잉행동장애), 불안증 등을 유발할 수 있다. 그래서 조현 기능은 인간 정신의 꽃이라고 할 수 있다.

조현 기능이 잘 발달되면 생각은 감정의 지지를 통해 꽃처럼 아름답게 피어난다. 감정의 표현은 세련되고 사회적으로 인정받는 품위를 갖추고 타인을 돕는 행동을 할 수 있다. 인간의 사고는 정서적 지지 없이는 무미건조해지고 답답해지며, 옛것의 틀을 깨지 못한다. 그래서 창의력을 폭발적으로 키워주기 위해서는 정서적 자극이 반드시 필요하며, 정서적 자극이 생각의 흐름 속에 녹아 있어야 한다.

그런데 오랫동안 억제되어 온 감정이 어떤 계기를 만나 표출되면, 그것이 남녀 간의 사랑이든 동경했던 예술적 표현이든 걷잡을 수 없는 폭발적 반응을 일으킬 수 있다. 예술가들은 세상 어떤 사람들보다 감정을 주관하는 뇌의 활동이 많다. 따라서 이들이 예술혼을 꽃피우려면 생각의 뇌인 전두엽과 대상회의 기능이 더욱 중요하다. 균형을 이루지 못하면 지나친 감정을 절제하지 못해 예술가로서뿐만 아니라 인생 자체가 무너질 수밖에 없기 때문이다. 이를 방지하기 위해서는 전두엽과 대상회가 조현 기능을 통해 지나친 감정의 동요를 막고 거친 표현을 순화시키며, 합리적인 판단과 적절한 행동을 유도해 주어야 한다.

행복의 중요한 요소에는 반드시 '평상심' 또는 '일상에서 느끼는 안정감'이 포함되어 있다. 이를 위해서는 감정과 이성이 정확하게 균형을 이룬 중용의 상태가 되어야 한다. 따라서 아이들의 뇌를 행복한 뇌로 발달시키기 위해서는 이성과 감정의 기능을 동시에 주관하는 대상회가 잘 발달할 수 있도록 도와줘야 한다.

04

뇌의 활력소
도파민

아이들의 행복한 뇌 발달에 빠질 수 없는 신경전달물질이 도파민이다. 도파민은 인간의 뇌에서 분포 부위가 비교적 명확한 신경전달물질이다. 도파민 분포 영역은 크게 세 곳이며 각각의 영역에 따라 그 기능 또한 달라진다. 그중에서 아이들의 정서와 인지에 영향을 미치는 도파민 신경망은 중뇌-변연계 및 중뇌-피질계 Mesolimbic-Mesocortical system 신경망이다.

도파민 분비가 왕성하게 일어나는 때는 특정 과제에 몰입할 때다. 특히 전두엽에서 중요하다고 판단되는 과제에 몰입할 때 도파민이 크게 활성화된다. 도파민은 동기를 불러일으키는 역할을 하며, 목표를 정하고 이를 위해 지속적으로 노력하도록 돕는 호르몬이기도 하다.

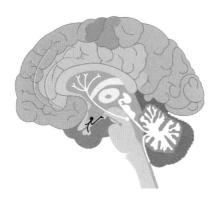

〈그림 3〉 도파민 신경망

몰입과 목표 지향성은 집중력, 주의력 향상과 밀접하게 연관되어 있다. 불필요한 자극들을 걸러내고 원하는 목표와 관련된 자극에만 몰입할 수 있게 도와주는 물질이 바로 도파민이다. 또한 이런 활동을 통해 얻어지는 쾌감과도 연관되어 있어 노력 후에 짜릿한 기쁨을 느끼게 하는 물질이기도 하다. 즉, 도파민은 우리를 움직이게 하고 집중하게 하며, 힘든 과정을 견뎌내고 나서 얻는 몰입의 즐거움을 알게 해주는 물질이라고 할 수 있다.

뇌의 기능 중 가장 인간다운 활동이라고 할 수 있는 전전두엽

prefrontal lobe의 실행 기능도 바로 도파민 신경망이 튼튼하게 뒷받침하고 있기에 가능한 것이다. 만약 도파민이 없다면 인간은 동기나 의욕 없이 여기저기 기웃거리기만 할 뿐만 아니라 작은 어려움에도 쉽게 좌절하고 말 것이다.

그렇다면 아이들의 도파민 신경망의 발달을 어떻게 촉진시킬 수 있을까? 사실 도파민 신경망과 반대로 작용하는 예에 대한 연구들을 통해 부분적으로 얻어진 결과만 있을 뿐 직접적인 연구 성과는 별로 없다. 도파민 신경망의 복잡한 발달에 대해 자세히 알기 위해서는 앞으로 더 많은 연구가 필요한 실정이다.

도파민 신경망과 반대로 작용하는 분야의 연구로는 ADHD에 대한 연구가 대표적이다. ADHD는 도파민 신경망의 결함과 관련이 있다. ADHD 증상을 앓는 아이의 경우 도파민 신경망 발달이 1~2년 정도 지연되고 있는 것으로 알려져 있다. ADHD 증상은 도파민 신경망의 활성을 증가시키는 약물로 치료한다.

내가 일하고 있는 서울대학교병원에서도 지난 30여 년간 다양한 방식으로 도파민에 대한 연구를 해오고 있다. 뇌의 척수액에서 도파민 농도가 얼마나 떨어져 있는가에 대한 연구, 뇌영상법을 통한 도파민 신경망과 전전두엽의 기능 변화에 대한 연구, 도파민 유전자들의 변이에 대한 연구, 약물을 사용했을 때 도파민 관련 뇌 부위가 어떤 변화를 일으키는지에 대한 연구, 담배 연기·환경호르몬

등의 요인으로 증상이 얼마나 악화되는지에 대한 연구 등 그 범위만도 실로 방대하다. 그 결과 30년 전에 비해 우리는 이 질병의 원인과 치료에 대한 더 많은 정보를 갖게 되었다. 이런 연구 성과는 ADHD 아동뿐만 아니라 주의력을 요하는 아이, 감정 조절에 서툰 아이들을 이해하는 데에도 많은 기여를 하고 있다.

{ 도파민 신경망을 튼튼하게 하려면 }

도파민 신경망을 발달시키기 위해서는 엄마 배 속에서부터의 발달이 중요하다. 도파민 분비 자체가 신경체계를 발달시키는 데 핵심적인 역할을 하지만, 이와 동시에 신경성장인자도 중요하다. 신경성장인자는 특히 도파민 신경망의 신경세포 증식과 더불어 신경세포와 세포 간 연결(시냅스 연결)을 촉진시키는 역할, 그리고 신경세포에서 신호를 신속하게 보내는 데에 관여하는 신경세포의 보호막을 만드는 역할도 한다. 이 세부 역할 하나하나가 신경망 형성에 매우 중요하다. 신경성장인자는 특정 시기가 되면 세포 증식과 시냅스 형성을 중단하는 역할도 한다고 알려져 있다. 효율적인 도파민 신경망이 만들어지면, 그 효율성을 지키기 위해서 지나친 확장과 팽창을 거꾸로 억제하여 조절하는 것이다. 이로써 신경성장인자가 아이들의 도파민 신경망을 발달시키고 정상화시키는 데에 아주 중요한 역할을 행사한다는 사실을 알 수 있다.

도파민 신경망을 건강하게 발달시키기 위해서는 영유아기 때 부모의 세심한 노력이 필요하다. 임신기에 산모가 받는 심한 심리적 스트레스와 압박감, 불안감은 도파민 신경망의 발달을 방해한다. ADHD에 대한 연구에서도 임신기 동안의 심각한 부부갈등과 이혼이 ADHD 발병과 관련 있다는 사실이 확인되었다.

반면 아이들과의 친밀한 신체적 접촉은 도파민 신경망을 정상적으로 발달시키는 긍정적인 요인으로 작용했다. 편안한 환경에서 따뜻한 엄마와 아기의 몸이 접촉하는 것, 자주 눈 맞춤을 해주는 것, 부드러운 언어와 노래를 통한 자극을 주는 것 등이 모두 도파민 신경망을 튼튼하게 한다.

05

뇌의 쉼터
세로토닌

흔히 인간 사회의 놀라운 발전을 얘기할 때 '도파민 사회'라고 말한다. 도파민 사회란 '높은 도파민 활성을 지닌 성격' 즉, 높은 지능, 목표 지향성, 경쟁심, 탐험 정신, 위험을 무릅쓰는 도전정신으로 무장한 사람들이 이끌어가는 세상을 말한다. 이런 사람들이 주도하는 사회는 효율성을 중시하고 경쟁을 통한 발전을 강조하며, 사회가 변화하는 속도보다 더 빠르게 대응하기를 요구한다.

이러한 적자생존 방식의 도파민 사회는 근대 문명을 이끌어왔으며 기술 혁명을 주도해 왔다. 1950~60년대 우리나라를 돌아보면 이해가 될 것이다. 그리고 산업혁명과 1, 2차 세계대전, 현대 문명을 이끈 영국과 미국이 세계 역사에 미친 영향력을 설명하는 데에도 도파민 사회라는 용어는 매우 유용해 보인다. 하지만 도파민 사회는 과도한 경쟁과 공격성으로 인해 심각한 내부 갈등을 빚기도 했다. 보호와 양육이 빠져버린 정글과 같은 사회로 묘사되거나, 수많은 정신 질환을 유발하는 스트레스로 가득 찬 사회로 그려지기도 했다.

도파민 신경망은 아이들의 발달과 학습 동기를 부여하는 데에도 중요한 역할을 한다. 도파민이 없어도 1등이 되고자 하는 욕구가 생길까? 불가능하다. 대학 입시를 위해서 매일 4시간만 자겠다고 하는 무모한 마음도 도파민 신경망에서 나온다. 엄마 아빠의 사랑과 선생님의 칭찬이라는 강력한 보상을 받고자 하는 동기 역시 도파민 신경망이 활성화되었을 때 가능하다.

그러나 도파민 신경망이 요구하는 보상과 성취는 끊임없는 비교우위에 집착하게 하고, 상대적인 성취감만을 느끼게 한다는 약점이 있다. 목숨 바쳐 목표를 이루어냈는데 다른 사람들은 쉽게 성취하는 것을 볼 때 정서적 허탈감이라는 후유증도 뒤따른다. 따라서 도파민 신경망은 아이들에게 단기적인 성취를 이루게 하기에는 유리하지만, 장기적인 성공과 행복을 위해서는 분명 적절하지 않다.

비교를 통한 성취는 상대적이다. 아이들의 학업 성적도 마찬가지다. 열심히 노력해서 국어 시험에서 100점을 맞았을 때는 큰 만족감을 느끼지만, 올백을 받은 찐짜 1등 아이와 비교를 당하게 되면 금세 자신이 초라하게 느껴진다. 이런 초라한 느낌으로 인해 결핍감이 생기고, '더 잘해야 하는데, 더 더…' 하는 압박감과 초조감에 항상 시달리게 될지 모른다.

그러나 다행히 우리 뇌에서는 비교를 통한 성취감이 아니라 절대적인 성취감을 느끼게 도와주는 물질이 존재한다. 그것이 바로 세로토닌이다.

{ 같은 상황, 다른 반응 }

세로토닌 신경망은 도파민 신경망에 비해서 훨씬 더 넓은 뇌 영역에 걸쳐 분포한다. 세로토닌 신경망이 뇌 전역에 분포하고 있는 이유는 뇌의 특정 기능을 활성화시키는 것보다는 뇌의 전반적인 조절 기능을 담당하고 있기 때문이다. 즉 세로토닌은 한 사람의 기분과 세상을 보는 눈을 좌우하고 만족과 불만족이라는 정서를 조절한다.

또 세로토닌은 뇌 속 신경전달물질 작용의 균형을 맞추는 '조절추'와 같은 역할을 한다. 특히 수면주기 조절에 있어 세로토닌의 역

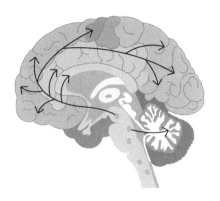

〈그림 4〉 세로토닌 신경망

할이 중요한데, 그 이유는 이 물질이 멜라토닌이라는 수면유도물질의 전구체(前驅體)이기 때문이다. 세로토닌이 없으면 멜라토닌은 만들어지지 않는다. 멜라토닌은 햇빛의 양이 감소됨에 따라 분비되는 수면유도물질로 수면 리듬을 유지한다.

이와 같은 세로토닌의 조절 기능은 성장 중에 있는 아이들에게는 충분히 성숙해 있지 않으므로 어릴 때부터 세로토닌의 조절 기능을 발달시키는 데 도움을 주어야 한다. 행복한 뇌를 만드는 데 세로토닌 조절 기능은 절대적으로 중요하기 때문이다.

세로토닌과 도파민에 관한 유명한 일화가 있다. 어느 날 아버지가 아이들에게 장난감을 많이 사줬다. 그런데 방에 가득 쌓인 새로운 장난감을 보고 두 명의 아이가 전혀 다른 반응을 보였다. 세로토닌이 풍부한 아이는 "가지고 놀 장난감이 이렇게 많네. 하루에 한 가시씩 살펴보면서 나중에는 이걸 진부 갖고 놀이야지"리고 반응했다. 반면에 세로토닌이 결핍된 아이는 "이 많은 장난감을 언제 다 가지고 놀아. 아, 정말 피곤하고 짜증 나!"라고 반응했다.

장난감 천국에서 행복을 느껴야 할 아이의 마음을 이렇듯 우울하고 피곤한 색채로 물들이는 것은 바로 세로토닌의 결핍 때문이다. 세로토닌 신경망은 아이들을 낙천적이고 여유로우며 회복력이 높은 아이로 자라게 한다. 그래서 세로토닌 신경망이 튼튼한 아이들은 조그만 상처쯤은 쉽게 극복하고, 감당하기 어려운 일을 당해도 지레 겁먹고 포기하는 대신 당당하게 도전한다.

아동기에 세로토닌 신경망을 발달시켜줘야 하는 또 하나의 중요한 이유가 있다. 그것은 바로 건강하고 안정된 사춘기를 보낼 수 있게 하기 위해서다. 청소년기는 힘든 시기다. 하루에도 몇 번씩 변하는 기분 때문에 힘들고, 주변 사람들이 자기만 쳐다보는 것 같아서 힘들고 입시와 어려워진 공부 때문에 힘들다. 하지만 세로토닌 신경망은 이런 사춘기 아이들을 도와줄 수 있다. 극과 극을 달리는 사춘기 시절, 성호르몬의 거센 물살까지 감당해야 하는 사춘기 아이들의 뇌에서 안전판 역할을 할 수 있는 것은 세로토닌 신경망뿐이다. "잘 키운 세로토닌 신경망, 다른 열 신경전달물질계 안 부럽다"라는 말이 결코 틀린 말이 아닌 이유다.

{ 행복 스위치를 켜는 법 }

그러면 아이들의 세로토닌 신경망을 활성화시키기 위해 어떻게 해야 할까? 엄밀한 뇌과학적 증거를 대라고 하면 별로 할 말이 없다. 하지만 추론을 통해 가능한 방법들을 생각해 볼 수는 있다.

세로토닌 신경망은 다른 신경전달물질보다 환경의 영향을 많이 받는다. 특이하게 세로토닌은 음식물 섭취를 통한 영향도 크다. 도파민이나 아드레날린 등은 이미 뇌 안에 충분히 존재한다. 이것이 뉴런의 자극을 통해 시냅스로 분비되고 시냅스후 수용체_{postsynaptic recptor}에서 여러 작용이 일어나지만 절대량은 거의 일정하게 고정되어 있다. 음식을 통해서 도파민과 아드레날린의 양을 증가시킬 수는 없다. 하지만 세로토닌은 음식물을 통한 외적인 공급에 의해서 부족한 양을 채울 수 있다.

세로토닌이 풍부한 음식에는 어떤 것이 있을까? 필수아미노산 중 트립토판이 함유된 음식을 먹으면 도움이 된다. 트립토판은 호두, 들깨, 검은 참깨, 현미, 감자 등에 풍부하게 함유되어 있다. 또한 청국장과 치즈 같은 발효식품, 우유와 요구르트 같은 유제품 및 바나나 등에도 풍부하므로 이를 같이 섭취하는 것이 좋다.

음식물 섭취 외에 생활 속에서 세로토닌을 활성화하는 방법을 소개하니 아이들과 시간을 내어 함께 해보자.

첫째, 자연을 가까이하자. 자연과의 접촉은 인간에게 끝없는 편안함과 안식을 주며, 오감을 열어준다. 산을 바라보고 숲의 향기를 맡으면 세로토닌 신경망이 활성화된다. 숲은 세로토닌을 분비하는 옹달샘이다. 시간이 날 때마다 산이나 계곡, 숲을 찾도록 노력하자.

둘째, 사랑하는 마음을 연습하자. 공부에 쫓기다 보면 아이들은 따뜻한 감정을 느끼거나 다른 사람을 사랑하는 마음을 갖기가 점점 어려워진다. 왜 고학년으로 갈수록 불행하다고 느끼는 아이들이 많아질까? 팍팍한 현실에 마음 둘 곳을 빼앗겨버리기 때문이다. 하지만 가족 간의 사랑이 그것을 바꿀 수 있다. 부모의 다정한 모습이 아이들의 마음속에 사랑의 감정을 일으킬 수 있다. 하루에 한 번씩 고생하는 가족을 위해 서로 안아주고 위로해 주자. 살짝 볼에 뽀뽀도 해주면 더 좋다. 부드러운 말과 따뜻한 스킨십을 받는 순간 자녀의 세로토닌 신경망이 반짝반짝 빛날 것이다.

셋째, 복식호흡과 명상하는 시간을 갖자. 바쁜 일상을 살아가다 보면 호흡이 얕아지고 빨라진다. 얕고 빠르게 하는 호흡은 스트레스에 취약하다. 반면에 깊고 고른 복식호흡은 세로토닌 신경망을 강화시킨다. 자신의 배꼽 위에 한쪽 손을 얹어놓고 천천히 오르내림을 느껴보는 것부터 시작하자. 이때 너무 억지로 호흡을 늦추지 말고 자연스럽게 따라가는 것이 좋다. 복식호흡 후 명상까지 하면 금상첨화다.

옥시토신은 신경전달물질인 도파민, 세로토닌과는 다른 '신경 조절물질_{neuromodulator}'이다. 신경조절물질은 시냅스에서 분비된 뒤 직접적으로 수용체에 작용하는 신경전달물질과는 다르게, 신경계 전반의 민감성을 조절한다. 훨씬 더 크고 영속적인 뇌 기능의 변화를 유도할 수 있다는 뜻이다.

옥시토신은 두 가지 주요 상황에서 분비된다. 첫째는 연인들이 긴밀한 사랑을 나눌 때다. 특히 남녀가 성적 결합으로 오르가즘을 느끼는 동안 뇌 안에서 방출량이 크게 늘어난다. 둘째는 여성이 아이를 낳고, 젖을 먹이는 동안이다. 남성에게도 출산 즈음에 활성화되는데, 아이에 대한 사랑과 책임감 때문이다.

이 물질에 대한 연구는 재미있는 동물 실험에서 확인되었다. 일부일처제인 동물인 프레리 들쥐에 대한 연구다. 암컷 프레리 들쥐의 뇌에 옥시토신을 직접 주입하면, 그 암컷은 주변의 수컷 들쥐 한 마리와만 평생 동안 짝을 이룬다. 수컷 쥐에게 주입하면, 근처의 암컷 한 마리를 끌어안는 동작을 한다. 또한 옥시토신 분비를 조절해 새끼에 대한 암컷 쥐의 양육 행동을 유도하거나 차단할 수 있으며, 새끼가 부모에게 애착 행동을 하는 것을 통제할 수 있다고 한다. 옥시토신은 남녀간의 사랑, 출산, 양육, 애착 등에 폭넓으면서도 강력하게 조절한다는 것을 알 수 있다.

옥시토신을 인간에게 주입하면 어떤 일이 생길까? 동물 실험처럼, 뇌 속에 직접 주입하는 것은 불가능하다. 그 대신 택한 아주 효율적인 방법이 스프레이 형태로 코에 분사하는 것이다. 이 방법은 뇌에서 실제 옥시토신의 분비를 증가시키는 것과 유사하다.

옥시토신 스프레이를 받은 사람들에게서 매우 흥미로운 변화가 일어났다. 타인에 대한 신뢰도가 증가된 것이다. 낯선 사람에게 자신의 가방을 맡겼고 경제 활동과 연관된 게임에 참여한 사람들 또한 자신의 돈을 다른 사람에게 믿고 맡기는 경향을 보였다. 도파민이 흥분과 각성을 통해 강력한 보상을 인간에게 주지만, 옥시토신은 안정되고 따뜻한 기분과 애착의 증진 그리고 신뢰의 향상을 가져온다. 행복감과 매우 유사한 경험을 유발하는 셈이다.

또한 옥시토신은 긍정적인 행복감을 증진시키는 반면, 부정적인 정서를 줄여주는 효과도 가지고 있다. 불안을 감소시키고, 공포를 줄여주며, 불신을 덜게 해준다. 불만감을 줄여주기도 한다. 인간이 2세를 낳고 기르는 과정을 행복으로 느낄 수 있도록 이끌고, 우리의 아이들이 부모와 진정한 사랑을 나눌 수 있도록 도와주는 게 바로 옥시토신이다.

06

뇌 속의 경보 시스템
아드레날린

아드레날린은 뇌와 신체 기능을 모두 조절하는 물질로 뇌 안에서는 노르아드레날린$_{noradrenaline}$으로 신경전달물질 역할을 하고, 몸속에서는 스트레스 호르몬으로 작용하며 말초에서는 교감신경계를 조절한다.

교감신경계는 전신에 분포해 있는 자율신경계로, 혈관과 내장 및 심장 등에 작용한다. 위험한 상황이 닥치면 아드레날린 시스템이 작동하면서 뇌와 전신을 '위기 대응' 상태로 전환시킨다.

아이의 뇌에서 아드레날린 신경망은 '각성, 주의력, 활력'을 담당한다. 도파민과 매우 유사한 기능이다. 사실 신경전달물질로 작용하는 노르아드레날린은 도파민이 변형되어 만들어진 것이다. 그러므로 도파민의 아들뻘이라고 할 수 있다. 도파민과 마찬가지로 뇌의 보상회로에 함께 작용하여 삶의 의욕과 동기를 유발한다. 뇌의 아드레날린 신경망에 문제가 생기면 ADHD와 우울증이 발생하기 쉽다.

다른 신경전달물질과 달리 아드레날린은 말초에서는 자율신경계의 한 축인 교감신경계의 조절 작용을 담당한다. 전신에, 그리고 내부 장기와 혈관 등에 퍼져 있는 자율신경계는 우리 의지대로 조절하기 어렵다.

자율신경계는 두 종류의 상반된 작용을 하는 신경계로 구성되어 균형적인 상태를 유지한다. 마치 시소의 움직임과 같아 한쪽이 활성화되면 다른 한쪽은 비활성화된다. 평상시에는 부교감신경계가 우세하다. 부교감신경계는 '휴식 및 소화 시스템 rest and digest system'이라고 할 수 있다. 혈액이 잘 흐를 수 있게 혈관을 느슨하게 하여 혈압을 낮추고 심장 박동수를 낮게 유지하며, 근육 대신 소화기관으로 가는 혈액량을 늘려 소화를 촉진시킨다. 부교감신경계가 활성화되면 혈관이 느슨해지므로 피부도 따뜻하게 유지되고 혈당도 낮아진다. 면역기능도 활성화되어 병원균에 감염되는 일도 줄어든다.

반면, 인체에 위기 상황이 감지되면 뇌의 편도체가 활성화되면서 이와 동시에 아드레날린이 분비되고 스트레스 호르몬이 방출된다. 아드레날린은 교감신경계를 통해 인체와 마음을 초조하게 만든다. 심장 박동수도 증가하는데 이는 심장에서 더 많은 혈액을 뇌와 전신에 공급하기 위해서다. 하지만 교감신경계가 과도하게 활성화되면 혈관이 축소되어 혈압이 높아지고 따뜻하던 피부도 차가워진다. 소화기관으로 가야 할 혈액의 상당 부분이 근육으로 공급되므로, 위와 장의 기능이 약해져서 소화불량에 걸린다. 인체의 면역기능도 떨어져 감염에 쉽게 노출된다. 감정도 함께 격해지고, 싸움에서 이겨야 한다는 생각이 강해지면서 타인을 돌보는 마음은 점차 사라진다. 투쟁심과 분노, 경쟁심이 격렬해져서 행복과는 거리가 멀어진다.

{ 싸우거나 도망가거나 }

교감신경계가 활성화되는 때는 불이 나거나 강도를 만나는 것처럼 정말 위급한 상황일 수도 있지만, 경쟁심과 욕심 등 성격 특성과 관련되거나 일상적으로 겪는 스트레스에 대해서 과도하게 반응하는 상황일 수도 있다.

그런데 부모가 아이에게 학습 동기를 불러일으킬 목적으로 하는 말 중에는 경쟁심과 욕심을 부추겨 스트레스를 자극하는 경우가 많다.

"이렇게 공부해서 나중에 뭐가 되겠니?"

"옆집 철수 공부하는 얘기 들어봤니? 밤 12시까지 학원 다니고, 집에 와서는 또 새벽 2시까지 공부하고 잔다더라."

"이번에 90점 이상 못 받으면 집에 들어올 생각하지 마!"

공부에 대한 압박감이 가뜩이나 심한 상태에서 이런 얘기를 들으면 아드레날린 신경망이 작동하지 않을 수 없다. 반 친구들이 잠재적 경쟁자가 된 상황에서 끊임없는 비교는 스트레스를 더욱 가중시키면서 아드레날린이 폭발적으로 분비된다. 아드레날린의 과도한 분비는 상황에 맞서 몸과 마음을 대응하게 할 것이냐, 도피하게 할 것이냐 둘 중 하나를 선택하게끔 강요한다.

그런데 이런 상황이 한두 달이 아니라 1~2년 동안 계속되면 어떻게 될까? 평소의 안정된 상태를 지배하는 부교감신경계는 무너지고, 응급상황에 대처하기 위해 작동되는 교감신경계가 몸과 마음을 지배하게 된다.

그러면 먼저 몸이 망가지기 시작한다. 소화계가 약화되어 위궤양, 과민성 대장 증상, 장염에 자주 시달리게 된다. 면역체계가 무너져 감기에 자주 걸리고 상처가 나면 잘 낫지 않아 고생하게 된다. 혈압은 높아지고 손발은 차가워진다. 당뇨병에 걸릴 위험성이 증가되고 갑상선 질환 발생이 많아진다.

정신건강도 손상된다. 잦은 위기의식은 편도체의 과활성을 불러일으켜 불안과 공포에 민감한 상태를 만든다. 작은 걱정거리에도 불안 조절이 힘들어진다. 깊은 수면을 취할 수 없어 피로감에 시달리고, 짜증이 많아지며 머리가 자주 멍해진다. 아드레날린 신경망의 과활성은 우울증 발생 가능성을 현격하게 높인다. 아드레날린 신경망의 활성과 함께 증가한 코르티솔과 같은 스트레스 호르몬은 뇌에서 가장 취약한 부위인 해마를 공격하여 그곳의 신경세포를 사멸시킨다. 그 결과 해마가 위축되고 기억력이 감퇴되며, 기분 변화를 조절하는 능력이 떨어져서 분노 발작과 위축 상태가 교대로 나타나는 상황에 빠지게 된다.

{ 마음을 가라앉히는 7가지 기술 }

아이들에게 일상처럼 되어버린 스트레스 반응을 어떻게 해소시켜 주어야 할까? 아이들뿐만 아니라 대부분의 부모들 역시 지나친 스트레스에 억눌리고 지쳐 있을 것이다. 다행스럽게도 이를 해소할 방법은 있다. 자율신경계인 교감신경계와 반대로 작용하는 부교감신경계를 활성화시키면 된다. 부교감신경계의 활성화는 뇌의 신경전달물질 측면에서 보면 세로토닌계의 활성화와 맥을 같이한다. 과거 100년 동안 뇌과학이 이룬 중요한 성과 중의 하나는 자율신경계를 훈련시킬 수 있다는 사실을 발견하여 이를 적극적으로 활용할 수 있게 된 것이다.

실제로 교감신경계를 위기상황에서만 활동하게끔 만들고, 평소에는 부교감신경계를 통해 심신을 안정시키는 다양한 방법이 속속 제시되고 있다. 일상생활에서 부교감신경계를 활성화시키는 방법은 다음과 같다.

첫째, 복식호흡을 하자.

둘째, 근 이완술을 하자. 인체의 각 부위를 돌아가면서 최대한 힘을 주었다가 천천히 힘을 빼는 식으로 이완을 시키는 방법이다. 예를 들어 아이에게 최대한 힘을 주어 아빠의 손을 꼭 잡게 했다가 서서히 놓게 한다. 아이는 근육이 이완되는 느낌을 경험하고 기억하게 된다.

셋째, 크게 숨을 내쉬어 보자. 최대한 숨을 들이마시고 몇 초 동안 참는다. 그리고 천천히 숨을 내뱉는다. 숨을 크게 들이마시고 참는 동작이 폐를 확장시켜 부교감신경계를 활성화시킨다.

넷째, 평소에 입술을 만지는 습관을 들이자. 입술을 부드럽게 만지면 부교감신경이 자극을 받아 활성화된다.

다섯째, '상상기법'을 실천하자. 예를 들어 편안한 호숫가를 떠올린 후 그곳을 천천히 걷는 상상을 한다. 그곳을 걷는 동안 호숫가 주변의 나무와 꽃에서 서서히 번지는 향기를 느끼는 것도 도움이 된다. 실제 가보았던 곳을 떠올려 시각화할 수 있으면 더욱 좋다.

여섯째, 명상을 하자. 특히 마음챙김 mindfulness 명상은 부교감신경계를 활성화하는 효과가 이미 과학적 연구를 통해 증명되었다. 아이가 명상하는 것은 쉬운 일이 아니지만, 근 이완술과 상상기법에 익숙해진 아이들은 충분히 시도해 볼 만하다.

일곱째, 의학적인 치료 방법으로 활용되는 바이오피드백 biofeed-back 을 활용하자. 바이오피드백이란 근육 긴장도와 체온, 그리고 배와 가슴의 움직임 등의 생체신호를 컴퓨터 화면으로 보면서 긴장을 풀고 체온을 올리며, 배와 가슴을 처지지 않게 움직이는 연습을 하는 것이다. 바이오피드백을 몇 주 동안 꾸준히 연습하면, 컴퓨터 화면을 보지 않고도 자율신경계의 지표인 체온과 근육 긴장도 등을 변화시킬 수 있다.

잠을 자지 않을 때
생기는 일

2007년 미국소아과학회에서는 아이들의 수면이 잊혀진 영역이라고 우려를 표명한 바 있다. 수면이 아이들의 건강과 성장, 기분과 학습에 많은 영향을 주는 요소임에도 제대로 관리되지 못하고 있다는 것이었다. 또한 아이들이 겪고 있는 수면의 장애에 대해 더욱 많은 연구를 해야 한다고 경고하기도 했다.

수면에 대한 생물학적 연구에서 보면, 개인의 수면 사이클은 영유아기, 아동기, 청소년기를 거치면서 확립된다. 그리고 특정 유전자와 뇌 부위가 수면 사이클에 관여한다는 것이 밝혀졌다. 지나치게 자세한 얘기는 생략하겠지만, 뇌 속에 수면 시계가 존재하고 수면 주기를 유지해 주는 유도물질이 존재한다는 것이다.

아이들의 수면 부족으로 인해 생기는 문제는 어른들에 비해서 매우 심각하다. 성장기에 수면이 부족하면 성장 지연과 면역력 저하로 인한 감염 위험 및 사고 위험 증가, 짜증이나 불안 등의 정서 변화, 주의력 및 기억력 감퇴로 인한 학습 능력 저하 등이 두드러지게 나타난다. 2011년 <네이처>에는 수면 부족이 장기적인 뇌 발달의 결함을 초래한다는 연구가 대서특필되기도 했다. 즉, 유년기나 청소년기에 충분히 잠을 자두지 않으면 뇌 회로가 손상된다는 것이다.

미국 위스콘신대학교 매디슨 캠퍼스 연구팀 역시 생쥐 실험을 통해 수면과 뇌의 활동에 대한 연구를 진행했다. 그 결과 성장기에 잠을 충분히 못 잔 생쥐들의 뇌에서는 정보를 전달하고 신경회로를 구성하는 시냅스가 손상된 것으로 나타났다. 시냅스는 뇌 속 뉴런들 사이에서 정보를 전달하는 통로 역할을 하며 기억과 이해력을 높여준다.

보통 시냅스는 유아기를 거치면서 필요량보다 더 많이 형성된다. 그런데 청소년기가 되면서 시냅스는 광범위한 '리모델링' 과정을 거치게 된다. 이 시기에 새로운 시냅스가 형성되기도 하고 사라지기도 하면서 뇌의 신경회로 체계가 완성된다. 그런데 이 과정은 수면과 깨어남을 반복하는 과정에서 일어난다. 연구팀이 생쥐의 뇌를 분석한 결과 잠을 자고 깨는 과정에서 불필요한 시냅스가 제거되기도 하고 필요한 시냅스가 형성되는 것도 발견했다. 그런데 수면이 부족하면 뇌가 충분히 휴식을 취하지 못해 뇌의 활동을 더디게 한다. 특히 성장기에 잠을 충분히 자지 못하면 이 과정이 반복되면서 뇌의 신경회로 체계가 손상될 수 있다고 연구팀은 주장했다. 이 연구를 이끈 시렐리 교수는 청소년기는 뇌의 성장 과정에서 아주 민감한 시기이기 때문에 이때 수면 부족이 심할 경우 정신분열증의 원인이 될 수도 있다고 경고했다.

하지만 아이들에게 올바른 수면습관을 길러주는 일은 생각보다 어렵다. 그 이유는 무엇일까? 일단 밤에는 부모도 아이도 모두 지쳐 있기 쉽다. 인내심도 떨어져 대충하자는 마음이 더 강해지므로 일관되게 실천하기가 어렵다.

잠에 대한 문화적 이해가 낮을 때도 문제가 된다. 잠은 죽어서도 많이 자는데 좀 덜 잔다고 뭐가 문제냐는 생각을 하고 있다면 아이들의 수면도 소홀하게 여기기 쉽다. 하지만 수면은 아이들의 뇌 건강과 떼려야 뗄 수 없는 관계에 있기 때문에 사명감을 가지고 지켜주어야 한다.

{ 얼마나 재워야 할까 }

아래 표에 제시된 것은 연령에 따른 평균 수면 시간이다. 건강한 수면은 신체 성장과 뇌 발달에 매우 중요한 역할을 한다. 우리 아이들은 태어나서 많은 수면 시간과 특성의 변화를 보이므로, 발달 시기별로 양질의 수면 습관을 만들어주려는 노력이 중요하다.

연령별 평균 수면 시간

연령	수면 시간
만 1세까지	14~15시간
만 2~4세	12~14시간
만 5~6세	11~13시간
만 7~12세	10~11시간

● 수면 시간은 개인의 특성에 따라 1~2시간의 차이는 있을 수 있음.

만 1세까지는 하루 중 14~15시간을 잠으로 보낸다. 대개 밤에 9~12시간을 자고, 30분~2시간 사이의 낮잠을 서너 번 정도 잔다. 낮잠은 6개월이 지나면서 조금씩 줄기 시작한다. 이 시기의 대표적인 수면 문제는 밤에 자주 깨는 것이다. 잠을 잘 자게 하기 위해서는 가능한 한 규칙적으로 자는 시간을 정해주고, 잠자기 전 부드러운 얘기를 해주며 따뜻한 물로 목욕을 시켜주는 습관을 들인다. 편안하고 조용한 수면 환경을 조성하고, 혼자서도 잠들 수 있도록 격려해 주는 것이 좋다.

만 1~3세까지의 걸음마기에는 하루 12~14시간 정도를 잠으로 보낸다. 대개 18개월이 되면 낮잠은 하루에 한 번, 시간도 한두 시간 정도로 준다. 수면 문제로는 잠자리에 안 들려고 저항하는 것, 밤에 자주 깨는 것, 악몽에 시달리는 것 등이 있다. 이 시기에는 자율성이 커지면서 동시에 분리불안도 심해지므로 동물 인형이나 부드러운 담요를 가지고 잠자리에 들게 하는 것도 도움이 된다.

학교에 들어가기 전인 만 6세까지는 대개 11~13시간 정도 잠을 자도록 하는 것이 좋다. 이 시기에는 상상력이 매우 활발하기 때문에 어둠에 대한 불안과 공포가 커질 수 있다. 잠자리에 들기 전에 몸과 마음을 이완시킬 수 있는 이야기를 들려주는 게 도움이 된다. 특히 이때부터는 TV나 스마트폰 등 불필요한 자극을 주는 물건을 방에 두지 않는다.

학령기인 만 6~12세는 10시간 정도로 자는 것이 좋다. 우리나라 아이들의 수면 시간은 초등학교 때부터 부족해지는 경우가 많다. 그 이유는 무엇보다도, 학원을 다니면서 과제량이 급격하게 많아지는 것과 관련 있다. 하지만 잠을 줄여가며 학원 숙제를 하면 그

다음 날 학교 수업과 일상생활에 부정적인 영향을 줄 수 있다.

수면을 방해하는 또 다른 이유는 TV, 스마트폰 게임 등에 몰입하는 경우다. 학령기가 시작될 때부터 이런 문제가 심해지는데, 적절한 수면을 취해야 신체 발달, 뇌 발달, 정서 조절 및 주의력과 기억력 같은 학습 능력에 모두 긍정적인 영향을 줄 수 있다는 것을 기억하여 수면 시간을 충분히 지킬 수 있도록 도와줘야 한다.

수면은 단지 휴식과 게으름을 위한 시간이 아니다. 낮 동안의 자극을 정리하고 필요한 기억을 저장하며, 불필요한 감정과 생각, 기억 등을 정리하는 아주 적극적인 활동의 시간이다. 몸이 움직이지 않을 뿐이지, 수면 중에도 뇌는 활발하게 활동하고 있다. 아이들의 경우에는 뇌 신경망의 연결과 분화가 일어나는 진정한 발달의 시간이다. 행복한 아이는 정서-인지-사회적 기능에 필요한 뇌 발달이 고르게 잘 어우러진 아이다. 건강한 수면은 이 과정이 건강하게 일어나도록 도와주는 우리 아이들의 수호천사임을 잊지 말자.

08

저는 원래
아침을 먹지 않아요

아이들의 뇌는 왕성하게 성장한다. 키나 몸무게가 늘어나는 것처럼 뇌도 성장하는 것이다. 뇌가 성장하기 위해서는 놀라우리만큼 많은 에너지가 필요하다. 뇌는 체중의 2퍼센트를 차지하지만, 뇌가 사용하는 에너지는 우리 몸 전체가 사용하는 에너지 중 무려 20퍼센트를 차지한다.

아이들이 건강하게 자라기 위해서는 3대 영양소인 단백질, 지방, 당분이 모두 필요하다. 뇌의 주요 에너지원은 포도당이다. 포도당이라는 휘발유가 뇌에 공급될 때 비로소 생각할 힘이 생기고, 이것이 가득 채워졌을 때 집중력이 향상되며 공부와 운동이 잘 된다.

특히 아침 시간에 제공되는 포도당은 하루 동안 뇌의 기능을 결정한다고 할 정도로 매우 중요하다. 포도당은 설탕이나 과일 같은 단 음식뿐만 아니라 쌀과 빵, 면류나 고구마 등의 탄수화물에도 많이 포함되어 있다.

여기에 바로 아침 식사의 중요성이 있다. 저녁 7시에 밥을 먹은 아이가 다음 날 아침 7시에 식사를 한다고 하면, 12시간 동안 포도당 공급에 공백이 생긴다. 게다가 잘 때도 꿈을 꾸는 등 밤 동안의 뇌 활동도 상당히 활발하기 때문에, 뇌의 입장에서 보면 12시간 동안 포도당 잔고를 다 써버리는 상황이 된다. 따라서 아침 시간은 하루 중에서도 최악의 저혈당 상태, 즉 휘발유가 바닥난 상태라고 할 수 있다. 그러므로 아침 식사는 극도의 허기 상태에 빠진 대뇌에는 사막 한가운데서 만난 오아시스의 물줄기와 같은 역할을 한다. 아침 식사로 먹은 밥이나 빵의 포도당이 오전 동안 수업을 받는 아이의 뇌에서 에너지로 사용되고, 점심으로 먹는 급식은 오후 수업의 활력소가 된다.

그런데 아침 식사를 거르면 오전 중에 필요한 에너지가 부족해지는 것은 물론이고, 오후에 사용할 에너지를 위한 급식마저 오전 중의 부족분을 채우는 데 먼저 사용된다. 따라서 하루 종일 에너지 부족 상태가 지속되는 것이다. 이런 상황에서는 아이가 아무리 열심히 수업을 받는다 해도 뇌는 제 기능을 다하지 못한다.

실제로 아침을 매일 잘 챙겨 먹는 아이와 아침을 거르기 일쑤인 아이의 학력을 비교해 보면, 아침을 거르는 아이의 성취도가 낮은 것을 확인할 수 있다. 미국 오하이오대학에서 한 초등학교가 9~11세 아이들을 대상으로 신경심리검사를 통해 주의력을 측정하는 실험을 했다. 이를 위해 아침밥을 제대로 챙겨 먹은 날과 먹지 못한 날의 오답 수 증감을 시간대별로 조사했다. 그 결과 아침 식사를 거른 날은 주의력이 감퇴되어 오답 수가 증가하는 현상이 뚜렷하게 나타났다.

이 실험을 통해 아이의 성적과 상관없이 아침 식사를 했느냐, 하지 않았느냐가 주의력 조절에 중요한 요인이 된다는 것을 알 수 있었다. 이는 어른도 마찬가지여서 시험이나 면접 같은 중요한 과제가 있는 날일수록 아침 식사를 하는 것이 아주 중요하다.

또한 아침 식사는 하루 동안의 음식물 섭취량을 적절하게 조절함으로써 비만을 예방하며 나아가 대사증후군(내장비만 증후군)을 줄이는 데 기여한다는 것도 확인되었다.

생체 리듬은 매우 중요하다. 아이들에게 흔하게 발견되는 수면장애, 우울증, 불안증, ADHD 등 다양한 정신건강 문제는 대개 생체 리듬의 파괴와 연관되어 있다. 이런 정신 질환이 치료되고 회복되는 과정을 살펴보면 생체 리듬이 정상화되는 과정과 매우 밀접한 관련이 있다는 것을 알 수 있다. 이는 생체 리듬이 정신건강에도 영향을 미친다는 중요한 방증이다.

음식에 의한 생체 리듬 조절 시스템은 포유류에게 매우 중요하다. 아침 식사를 통해 소화기관과 간의 연동 작용을 하고 체온이 올라가면, 포유류의 뇌는 그때부터 각성 사이클이 제대로 작동하기 시작한다. 실제 미국에서 한국으로 여행 또는 사업차 방문하는 사람들을 대상으로 실험한 적이 있다. 그 결과 11~14시간의 비행시간 동안 아무것도 먹지 않고 한국에 도착한 뒤에 바로 식사를 한 그룹이 비행 중 식사를 한 그룹보다 훨씬 더 빨리 시차를 극복하는 것으로 나타났다. 12시간 정도의 공복 후에 한국에 도착하여 먹은 첫 번째 식사가 바로 그 사람의 뇌와 인체에 아침 식사와 같은 역할을 한 것이다.

아침 식사를 매일 정해진 시간에 잘 챙겨 먹고 위장과 간이 가동되기 시작하면, 인체는 '아하, 이제 하루가 시작되었구나. 각성을 해야지'라고 인식하고, 그날 하루의 정상적인 리듬을 활성화시키기 시작하며 주의력, 스트레스에 대한 대처 능력 등도 자연스럽게 조절하게 된다.

아침 식사가 중요한 또 하나의 생물학적 이유가 있다. 뇌가 활발히 활동하기 위해서는 체온이 적정 수준까지 높아져야 하는데 이 체온 상승의 열쇠를 쥐고 있는 것도 아침 식사이기 때문이다. 체온은 생체시계와 뇌 기능의 관계를 관찰하는 데 가장 이해하기 쉬운 지표 중 하나다.

인간의 체온은 하루 단위로 리듬을 그리며 변한다. 특히 밤새 낮아졌던 체온이 새벽부터 아침 사이에 얼마나 높아지느냐가 하루의 활동에 크게 영향을 미친다. 또 당 대사를 촉진하는 코르티솔 등의 각종 호르몬도 체온을 바탕으로 한 생체시계에 영향을 받아 분비 사이클이 조절된다.

체온은 보통 새벽 4시 무렵을 기점으로 가장 낮아졌다가 그 후 서서히 높아져서 오후 4시 무렵 정점에 이른다. 하루 동안 체온의 변동 폭은 0.5~1도 정도다. 아침 식사로 섭취한 음식이 간에서 대사되면서 체온을 높여 뇌의 활성에 도움을 준다는 것은 널리 알려져 있는 사실이다. 포도당 섭취가 뇌의 영양공급원 역할을 하는 것도 중요하지만, 체온이 증가하면서 뇌가 더욱 활성화되는 데에도 부가적인 역할을 한다. 그러나 체온의 증가에 직접적으로 기여하는 것은 단백질이다. 일반적으로 섭취한 단백질의 약 15퍼센트 정도가 체온 유지에 활용되는 것으로 알려져 있다. 상대적으로 포도당의 역할은 미미하다. 그러므로 아침 식단을 보다 균형 잡힌 식단으로 만들 필요가 있다. 특히 단백질의 열 효과를 고려한다면 아침 식사에는 밥이나 빵과 같은 포도당을 생산하는 탄수화물뿐만 아니라 달걀이나 고기, 생선, 콩류와 같은 단백질이 함유된 반찬도 반드시 포함돼야 한다.

건강하고 행복하게 살기 위해 아침 식사는 매우 중요하다. 바쁜 시간이지만, 아침에 부모와 자녀가 한자리에 앉아 아침을 먹으면서 간단히 그날 일정을 서로 얘기해 보는 것도 매우 의미 있는 일이다. 따라서 자녀가 있는 가정에서는 반드시 아침 식사를 하는 것이 좋다. 간결하지만 필요한 영양소가 골고루 들어 있는 식단이면 충분하다.

09

뇌를 튼튼하게 만드는
뜻밖의 습관

아이들에게 뛰어놀 수 있는 시간과 공간을 마련해 주는 것은 행복한 뇌 발달을 위해 꼭 필요하다. "많이 뛰어놀게 하라. 그러면 아이의 뇌는 그만큼 행복하게 바뀐다"라는 말을 마음속 깊이 간직하기를 바란다.

최근에 뇌 발달에 중요한 요소인 신경성장인자의 활성 증가와 신체 운동이 연관되어 있다는 사실이 많은 연구를 통해 확인되고 있다. 운동은 신경세포를 더 많이 만들뿐더러 신경망을 튼튼하게 만드는 역할도 한다.

아이들을 좁디좁은 학원에 몰아넣고 늦은 저녁 시간까지 외우고 또 외우는 기계 인간으로 만들고 싶은 부모는 한 명도 없을 것이다. 아이들을 정말 똑똑하고 주의력이 뛰어나고 감정 조절을 잘하며 기억력이 좋은 아이로 키우고 싶다면, 밖에서 실컷 뛰어놀게 하고 몸을 많이 쓰게 해야 한다.

신체 운동이 뇌 발달에 도움이 된다는 것은 아이들에게만 해당되는 얘기가 아니다. 노년에 접어든 이들에게도 똑같이 적용된다. 신경성장인자의 분비가 증가되면 기억력이 호전된다는 사실이 보고된 이후 치매의 초기 증상 중 하나인 기억 능력의 감퇴를 예방하는 데 운동이 도움된다는 연구 결과도 발표되었다.

따라서 부모도 아이들과 함께 규칙적인 운동을 해야 한다. 운동을 하면 아이들은 건강하고 행복한 뇌를 만드는 효과를 기대할 수 있다. 노부모를 모시고 있다면, 뇌의 수축과 치매 예방을 위해서라도 같이 운동을 해야 한다.

가족과 함께하는 운동이 뇌의 보호와 발달에만 도움이 되는 것은 아니다. 운동을 통해 가족과의 일체감을 증진시킬 수 있기 때문이다. 자녀들은 부모로부터 보호받고 있다는 안정감을 느낄 수 있다. 그뿐만 아니라 가족과 함께하는 운동은 아이들의 정서적 안정감에 큰 도움이 되고, 공정한 경쟁을 배울 수 있는 기회를 주기도 한다. 팀을 짜서 경기할 경우 협동심을 배울 수도 있다. 아이들은 팀 운동을 할 때 공정한 게임의 규칙을 익힐 수 있다. 자기중심적인 아이들은 자기가 지면 화도 내고 짜증도 부릴 것이다. 하지만 이때 가 운동의 규칙과 공정성을 가르쳐줄 수 있는 최고의 기회이기도 하다. 더불어 실패를 받아들이는 방법도 가르칠 수 있다. 예를 들어 운동 경기에서 졌을 때 이를 대범하게 받아들이고 더욱 노력할 수 있는 학습의 장으로 활용할 수 있다.

어른이 함께 참여하는 활동은 아이들에게 운동 능력과 기술을 향상시킬 수 있는 기회를 제공한다. 예를 들어 아이와 함께 배드민턴을 친다고 해보자. 초등학교 1~2학년 아이는 서브 넣는 것도 힘들어할 것이다. 하지만 3학년 정도가 되면, 서브는 기본이고 스매싱도 가능하게 될 것이다. 향상된 운동 능력과 기술은 아이의 자존감과 자신감을 크게 신장시킬 수 있다.

이런 운동을 통해 아이들은 영어 단어 외우고 수학 문제를 몇개 더 풀 때 느끼는 것보다 몇 배는 더 큰 자신감을 느낄 수 있다. 특히 사회적 관계에 민감한 여자아이의 경우 가족과 함께하는 놀이는 매우 든든한 정서적 안정감을 누리게 하는 효과도 볼 수 있다.

아이의 뇌

A Child's Brain

세상을 향한 관점을
넓히는 생각 지능

결국 해내는
아이들의 비밀

창의력이란 무엇인가를 스스로 만들어내는 능력이다. 다른 사람이 만든 것을 베끼는 것이 아닌, 자기 생각과 활동을 통해서 스스로 만들어내는 것이다.

창의력의 바탕은 다양한 생각을 조합해 내는 능력에 있다. 우리 뇌에서 생각을 조합할 때, 지능을 구성하고 있는 하위 요소들의 결합이 일어난다. 다시 말해 주의력, 공간 지능, 수리 지능, 판단 능력, 언어적·비언어적 기억 능력 등 다양한 하위 영역을 넘나들면서 통합적인 개념, 원리, 법칙을 만들어내는 것이다. 이런 과정에서 놀라우리만큼 많은 뇌 부위들이 활성화된다. 그러므로 창의력을 발휘

한다는 것은 뇌의 모든 부분이 활성화되어 특정 과제와 목표에 집중하는 과정을 말한다. 이때 활성화된 뇌 부위들은 서로 다양한 신경망을 만들어낸다. 그리고 이것을 활용할수록 신경망은 더 넓어지고 그 연결망 또한 더욱 효율적으로 변한다. 지금까지 연구 결과 창의력을 발휘하기 위한 조건은 다음과 같다.

> 첫째, 생각의 주제가 필요하다. 생각의 주제 속에는 목표와 의미가 있다.
> 둘째, 동기가 필요하다. 실천적 행동을 통해 얻을 수 있는 것이 있어야 동기가 발휘된다.
> 셋째, 재미있어야 한다. 억지로 머리를 짜내는 것이 아니라, 즐길 수 있어야 한다.

그런데 행복과 창의력은 가장 밀접하게 연결되어 있다. 새로운 것을 만들어내는 것만큼 재미있는 일은 없기 때문이다.

뇌과학적으로 봐도 창의력을 발휘하기 위한 뇌의 영역과 행복을 느끼는 영역이 유사하며, 창의력을 발휘하기 위해 동원되는 신경전달물질 또한 행복의 감정을 느끼도록 도와주는 물질과 거의 유사하다.

행복에 대한 오해 한 가지는 스트레스가 없어야 행복해진다는 믿음이다. 이런 믿음은 행복이 아무것도 하지 않을 때, 나태하고 게으른 상태에서 얻어질 것이라는 착각 때문에 생긴다. 하지만 그렇지 않다. 인간의 행복은 생산적 활동의 과정에서 얻어진다. 여기서 '생산적 활동'이라 함은 경제적인 수익과 관련된 활동을 의미하는 것이 아니다. 생산적 활동에서 얻어지는 진짜 보상은 그 과정 자체다. 창조적이고 생산적인 활동을 하는 동안, 뇌에서는 도파민과 세로토닌 신경망이 활성화된다. 도파민은 한계를 뛰어넘는 새로운 아이디어를 만들어내 흥분감을 준다. 세로토닌은 지나친 흥분을 조절하도록 도와주며, 끈기 있게 집중하게 하고 불확실성을 견뎌내는 힘을 준다.

{ 행복을 만드는 상상력의 힘 }

한계를 뛰어넘는 창조의 힘은 상상력에서 나온다. 상상의 기쁨을 아는 아이가 행복하다. 이런 아이는 스스로를 울타리 안에 묶어두지 않는다. 아이들은 본능적으로 한계라는 말을 모르며, 어른들이 얘기하는 현실의 한계에 안주하는 것을 거부한다. 그것도 아주 적극적으로. 대신 무한한 것, 새로운 것을 꿈꾼다.

이 꿈은 우리 뇌의 가장 밑바닥에 위치한 감정의 뇌에서 나오는 강한 에너지에 의해 자극받는다. 감정의 뇌에서 불붙은 상상력은 도파민 신경망을 따라서 기저핵, 전두엽, 대상회로 전달되며, 정서적 자극의 일부는 세로토닌 신경망을 따라서 뇌 전체로 전달된다. 뇌의 신경망을 따라 아래에서 위로 전달된 감정의 에너지는 이성의 뇌인 전두엽을 강하게 자극한다. 전두엽의 생각 본부에서는 경험과 학습을 담당하는 뇌 부위에 명령을 내리고, 다양한 뇌 영역에 흩어져 있던 기억과 학습 내용을 하나로 모은다. 이렇게 해서 처음에 산만했던 아이디어들은 전전두엽에 의해 통합되고 조율되어 생산적이고 창의적인 아이디어로 연결된다.

이것이 창의력의 가장 거대한 보상이자, 창의력이 발휘되는 과정을 즐길 때 나오는 정서적 기쁨이기도 하다. 이러한 창의력이 발휘되는 순간 우리는 몰아의 경지에 들어갈 수 있으며, 자신의 모든 능력을 다 사용하는 희열에 찬 경험을 하게 된다.

더욱이 이 경험은 한 번 왔다가 사라지지 않는다. 고스란히 새로운 경험으로 뇌 안에 다시 각인되고 저장된다. 아이가 뇌 전체를 사용하여 이런 창조적 생산 활동을 경험하게 되면, 뇌에 지워지지 않는 경험적 표상이 만들어져 신경계에 각인된다. 이때 함께 흥분했던 신경망의 시냅스들은 이후 더 미세한 자극에도 쉽게 활성화된다. 즉, 이처럼 창조적 경험은 아이들의 뇌에 정서적 흥분과 더불어 확실한 학습효과를 남긴다. 이런 경험이 쌓이면, 아이의 뇌는 발전하며 진화한다. 지금까지 인간의 뇌는 이와 같은 창조적 작업을 통해서 진보했으며 이 과정에서 진정한 행복을 경험해 왔다.

똑같은 수학 문제를 100번 풀면, 지루함과 지겨움이 각인되어 생각하기도 싫어진다. 그래서 수학이라는 말만 떠올려도 진저리 쳐지지만, 수학의 원리를 깨우치도록 가르치면 그것을 알아가는 과정에서 얻은 흥분과 즐거움으로 수학에 더 관심을 갖게 되는 것과 같은 이치다.

또한 창조적 경험은 심리학적으로도 매우 의미 있는 경험이 된다. 아이들에게 성장 과정에서 반드시 필요한 에너지원인 자아 성취감을 맛보게 해주기 때문이다. 창조적 경험을 통해서 얻게 되는 이러한 정신적 기쁨은 자아 존중감이라는 건강한 자기표상self reprsentation의 한 획을 형성한다.

이처럼 뇌과학적 보상과 심리학적 보상은 행복과 매우 밀접한 관계가 있다. 돈과 같은 경제적 보상은 그것에 따라오는 2차적 보상일 뿐이다. 2차적 보상이 더 우세하면 자아 성취감 같은 1차적 보상은 위축된다. 우리 뇌가 생산적 활동을 2차적 보상 때문으로 착각하기 때문이다. 그 결과 인간의 자발적 활동과 창조성은 돈을 위한 활동, 즉 경제적 수입을 위한 노동으로 전락하고 만다.

창조적 생산 활동이 갖는 진정한 보상은 1차적 보상이다. 자본주의 사회에서 살아가는 사람들에게는 거리가 먼 이야기처럼 들릴

지도 모르겠다. 그러나 수학자나 물리학자들이 어려운 수학 문제를 풀려고 노력하고, 물리학의 난제를 풀어가는 과정을 통해 진정 행복해하는 것은 노벨상 같은 명예나 금전적인 부와 같은 2차적 보상 때문이 아니라 창의적 경험이 주는 성취감 때문이다.

　단순한 편안함을 통해서 아이들이 행복해하지 않는 이유는 무엇 때문일까? 그리고 창조적인 활동을 할 때 아이들이 행복해하는 이유는 무엇 때문일까? 아이들이 진정한 행복을 느끼는 순간은 바로 '자기 자신을 발전시키는 행위'를 통해서 얻어지기 때문이다. 즉, 누군가에게 인정받기 전에 자기 자신에 대한 뿌듯함을 느끼는 것이 행복의 전제조건이 되기 때문이다. 이는 도덕적인 아이가 행복하다는 것과 일맥상통한다.

　어쩌면 행복은 추구한다고 얻어지는 것이 아닐지도 모른다. 추구하면 추구할수록 느껴지는 행복에 대한 갈증과 결핍감 때문에, 행복이 더 멀리 도망가는 것인지도 모른다. 행복은 행위를 통해서 그냥 자연스럽게 찾아온다. 자신이 가치 있는 일을 하고 있다는 그 느낌, 즉 2차적 보상이 없는 만족감을 통해서 말이다.

뇌는 억지로
일하지 않는다

아이들은 내면에 창조적 본성을 가지고 있다. 이는 교육을 통해서 주입되는 것이 아니라 선천적으로 가지고 태어나는 능력이라고 보는 편이 더 옳다. 그러므로 창조성 또는 창의성을 키워주는 특별한 교육이 따로 있다기보다는 타고난 창의적 기질을 제대로 펼칠 수 있도록 해주는 것이 더 중요할지 모른다. 요즘에는 상업적으로 창의성 교육을 이용하는 경우가 너무나 많다. 그러나 특정한 교구를 활용한 활동을 해야 창의력이 발달되는 것처럼 주장하는 사람들을 너무 믿지 않는 것이 좋다.

그러면 아이들의 창의성을 어떻게 키워줄 것인가? 그 방법을 알기 위해서는 먼저 창의력이 발휘되는 최적의 뇌 조건을 알 필요가 있다. 어떤 문제를 해결하기 위해 골똘히 고민해 본 경험이 누구에게나 한두 번쯤은 있을 것이다. 그때 고민의 해결책을 언제 발견했는가? 언제 그 아이디어가 떠올랐는가? 책상 앞에 앉아 고민을 반복하면서 괴로워할 때였는가? 대부분 아닐 것이다. 오히려 볼일을 보기 위해 화장실에 앉아 있을 때, 목욕탕에서 샤워할 때, 멍하니 경치를 보면서 쉬고 있을 때가 대부분일 것이다. 긴장한 상태에서 뇌를 쥐어짜듯이 혹사시킬 때 얻어지는 것이 아니다. 오히려 긴장이 좀 느슨하게 풀린 상태에서 아이디어가 번뜩하고 떠올라, 문제 해결의 단서를 얻게 될 때가 많다.

문제 해결의 열쇠는 그렇게 일정한 패턴이 반복되는 상태에서 벗어날 때 나타난다. 책상 앞에 앉아 고민하는 것은 뇌의 입장에서 보면, 특정한 뇌 신경망을 계속 사용하면서 그 신경회로의 패턴이 반복해서 나타나고 있는 상태다. 풀리지 않는 순환 고리를 계속 따라가고만 있는 것이다.

하지만 샤워를 할 때나 휴식의 순간은 어떤가? 그때가 바로 우리가 특정한 생각의 회로에서 벗어나서 다양한 사고의 신경망들이 자연적으로 활성화되는 때다. 문제의 답을 찾기 위해 뇌 속에 있는 다양한 정보 창고에서 특정 영역의 정보만 찾다가, 우연히 다른 영역의 정보 창고에서 그렇게 찾아 헤매던 문제의 해결책을 찾는 순간이라고 할 수 있다. 고정된 틀에서 벗어나 떠올린 생각이 다른 생각의 체계와 새롭게 만나는 지점, 바로 거기에서 창의력의 샘물이 솟아난다. 이때 나오는 창의적인 생각은 직관적 사고에서 비롯된 것이 대부분이다. 생각의 연쇄 반응을 통한 체계적이고 합리적인 과정에서 나오는 것이 아니라 특별한 통찰 과정을 통해 나타나는 것이다.

창의력이 '휴식의 뇌'에서 나온다는 것은 이미 오래전부터 알려져 왔다. 특히 인간의 뇌파 중에서 휴식기에 가장 왕성한 뇌파인 알파파가 지배적인 상태일 때, 창조적인 생각이 많이 나오는 것으로 밝혀졌다. 이 알파파가 지배적일 때는 우리 몸도 이완되어, 스트레스 호르몬인 코르티솔도 감소하게 된다.

신경화학적인 관점에서 얘기하면, 도파민보다는 세로토닌이 지배적인 상태일 때 창의력이 발휘된다고 볼 수 있다. 도파민 신경망은 생각의 흐름과 주의력을 통제하고 특정한 방향으로 생각을 흐르게 할 때 중요한 역할을 한다. 그러나 생각이 다양한 방향으로 편안하게 흐르기 위해서는 세로토닌 신경망의 활성화가 필요하다. 여러 방향의 생각들이 만나는 특별한 지점이 바로 창조적 사고가 발화되는 지점이다.

{ 창의력에 브레이크를 거는 것들 }

인간의 뇌는 자발적인 활동성을 갖고 있다. 생각을 하지 않기 위해 어떤 생각을 억누를 때 그 생각이 더 자주 떠오르는 현상을 경험해 봤을 것이다. 그것은 뇌의 활동 과정에서 억압에 저항하는 특성, 즉 뇌의 자발성 때문이다. 뇌는 자유를 좋아하고 자발적으로 활성화되기를 선호한다. 이런 자발성이 창조적 사고에 필요한 어떤 번뜩임을 일으키는 것이다. 그래서 머릿속이 꽉 차 있을 때보다는 생각할 거리가 없어 다소 지루한 느낌이 들 때 뇌에서는 자발적인 활동을 시작한다. 번뜩이고 창조적인 아이디어는 바로 그때 떠오르는 것이다.

그러나 그저 멍하니 있어도 뇌의 자발성으로 인해 놀라운 생각이 떠오를 거라고 생각한다면 그것은 잘못된 생각이다. 집중력과 마찬가지로 창의력도 그동안 축적해 놓은 지식의 창고로부터 나오는 것이다. 다양한 내용의 지식이 축적되어 있을 때 그 지식들이 새롭게 연결되어 창조적 지식이 만들어진다. 그리고 창의력을 발휘하려면 목표의식이 있어야 한다. "이 현상을 어떻게 설명할 수 있을까?"라는 큰 틀의 목표를 갖고 있어야, 문제 해결을 위한 창조적 아이디어가 나올 수 있기 때문이다. 다시 말해 그 현상을 설명할 수 있는 배경 지식들이 축적되어 있고, 어떤 현상을 설명하고자 하는 특정 목표를 의식 속에서 상정하고 있을 때, 창조적 생각을 할 수 있다.

지금까지의 내용을 정리해 보자. 창의력을 위해서는 다양한 생각의 흐름이 자발적으로 나타날 수 있는 뇌의 휴식 상태가 필요하고, 긴장감에서 벗어나 편안한 상태로 있는 것이 중요하다. 또 기존의 지식과 기억들이 연계될 수 있는 상태가 되어야 하며, 큰 틀에서의 문제 해결에 대한 목표 내지는 의지가 있을 때 창의력을 발휘할 수 있는 최적의 상태라고 요약할 수 있다.

명상가들은 명상을 통해 창의력을 키울 수 있다고 주장하는데 맞는 말이다. 명상은 뇌의 안정과 이완을 목표로 하는 집중적 활동이기 때문이다. 이완과 집중이 조화를 이룰 때, 우리 뇌는 창조적 지식을 산출하는 최적의 상태가 된다.

이것을 아이들에게 적용해 보자. 아이들의 창의성을 길러주기 위해서는 평소에 긴장감에서 벗어나 자발적인 생각의 흐름이 유지될 수 있게 해주는 것이 중요하다. 아이가 편안하고 자유롭게 활동하는 것을 방해하는 과도한 경쟁이나 평가가 아이들의 창의적 활동에 큰 제약이 되는 것은 당연한 일이다.

아이들에게 평가가 있을 것이라는 예고를 하고 그림을 그리게 할 때와 평가 없이 자유롭게 원하는 그림을 그리게 할 때, 결과는 어떨까? 평가에는 기준이 있고 그 기준은 특정한 틀을 의미한다. 사고의 틀을 깨는 것이 창의성의 핵심인데, 사고의 틀을 강요한다면 창의력이 발휘되리라고 기대할 수 없다. 실제로 등수를 정해서 상을 주겠다고 하고, 기대가 크다는 말까지 했다고 해보자. 아이는 자기가 좋아하는 자유로운 흐름에 따라 그리려고 하는 대신 1등을 하기 위해서 어떤 그림을 그려야 할지 고민할 것이다.

이와 같이 경쟁은 아이들의 자발성을 훼손시키고 창조적인 사고를 제한하는 경향이 강하다. 그런데 이런 일들이 아이들이 활동하는 수많은 영역에서 실제로 일어나고 있다. 가장 창조적이고 자유로워야 할 초등학교와 중학교의 미술, 음악, 문학 과목에도 평가와 경쟁에 바탕을 둔 학습이 강요되고 있다는 사실은 매우 안타까운 일이다.

{ 참견을 참아주세요 }

창의적인 활동을 하기 위해서는 긴장을 푼 상태에서 집중력을 발휘할 때 가능하므로, 무엇보다도 집중할 수 있는 고요한 시간이 필요하다. 그러므로 아이가 자기만의 시간을 갖고 어떤 일에 몰입하고 있을 때 자꾸 끼어드는 것은 결코 바람직하지 않다. 또한 책을 읽거나 그림을 그리고 글을 쓰고 있을 때, 아니면 그저 생각에 잠겨 있을 때 아이를 방해하지 않는 것이 좋다. 부모는 자기 할 일만 하면 된다.

"무슨 생각을 하니?", "뭘 그리니?", "이렇게 해보는 건 어떠니?"
하고 간섭을 하면, 아이의 생각의 흐름이 끊어지고 만다. 그러니 아
이가 자기 일에 몰두하고 있을 때는 조금만 참고, 그저 지켜봐 주는
것이 좋다. 그 시간이 끝났을 때 아이에게 물어봐도 결코 늦지 않
다. 물론 아이가 TV나 휴대폰을 한 시간 이상 멍하니 보고 있다면,
그때는 적극적으로 끼어들어 아이와 대화를 하거나 그 시간을 제
한해야 한다. 이런 활동은 전혀 창조적이지 않기 때문이다.

다시 한번 강조하지만 아이들의 뇌는 자발적인 활동을 원하며,
타고난 상상력을 통해 창조적인 사고를 이미 하고 있다. 아이들의
창의력을 자극하는 길은 아이다운 호기심을 잃지 않게 하는 것이
다. 아이가 스스로 원하는 놀이와 활동을 허용해 주고, 아이를 방해
하지 않는 범위 내에서 부모가 가끔 참견하는 것이 바람직하다.

산만한 우리 아이
ADHD일까요?

많은 지식을 기억하는 능력보다는 새로운 지식을 창조하는 능력이 더 중요한 시대라고 한다. 그러나 정말 새로운 지식이라는 것이 하늘 아래 있을까?

사실 새로운 지식은 과거로부터 축적된 방대한 지식에서 나오는 것이다. 이미 있었던 것을 재발견하는 것이라는 말이다. 그러므로 옛것을 많이 아는 것이 새로운 것을 만들어내는 동력이 된다. 따라서 기억력이건 창의력이건 무언가를 만들어내기 위해서는 과제에 매달리는 있는 힘, 즉 주의집중력이 필요하다.

주의집중력에는 여러 종류가 있다. 필요한 자극에만 집중하고 불필요한 자극은 걸러내는 능력(필터링 능력), 주의집중을 지속적으로 유지할 수 있는 능력(지속주의력), 동시다발적으로 수어지는 사극에 적절하게 주의를 배분할 수 있는 능력(분할주의력), 주어진 자극을 정보로 전환하여 필요한 정신 활동을 위해 단기간 동안 정보를 유지할 수 있는 능력(작업기억 능력) 등이 있다.

일반적으로 '주의력이 좋다'고 말할 때는 이런 여러 종류의 주의집중력이 잘 조화를 이루어 필요한 정보를 정확히 취하고, 새롭게 조합하여 문제 해결을 위한 지속적인 주의를 유지할 수 있는 상태를 말하는 것이다. 그렇다면 주의집중력은 뇌에서 어떻게 작동할까? 주의집중력은 특정 뇌 부위의 작용만으로 가능한 것이 아니라, 다양한 뇌 영역이 함께 활성화되어야 한다. 이렇게 연결된 뇌의 부위들을 앞에서도 말했듯이 신경망 또는 신경회로라고 부른다. 주의집중력은 그 종류가 다양한 것에서 알 수 있듯이 여러 뇌 영역이 연결된 '주의력 신경망'이 필요하다. 최근에 가장 활발하게 연구되고 있는 신경망은 전전두엽-대상회-기저핵-시상으로 연결되는 신경망이다. 그렇다면 이 신경망을 이루는 각 뇌 부위의 기능을 살펴보자.

첫째, 전전두엽은 주의력을 발휘하는 동기를 제공한다. 즉 목표와 우선순위 설정에 관여하고, 문제 해결을 하는 동안 주의력을 유지시켜 주는 작업기억 능력을 갖게 한다.

둘째, 대상회는 감정의 뇌에서 공급받는 의욕과 즐거움 등의 감정을 주의력에 공급하여 주의집중을 높이는 역할을 하고, 이와 동시에 전전두엽과 함께 필요 없는 자극을 걸러내고 원하는 자극에만 집중할 수 있도록 해준다.

셋째, 기저핵은 도파민 신경계가 가장 활성화되어 있는 곳으로, 이 신경계를 전전두엽으로 연결하는 역할을 한다. 기저핵은 과잉 행동과 충동을 억제하는 효과가 있어 '뇌 안의 브레이크'라고도 불린다.

넷째, 시상은 인체에서 뇌로 들어오는 모든 감각을 상위 중추로 연결해 주는 곳으로, 주의집중력의 첫 번째 창구와 같은 역할을 한다. 여기서 연결이 원활하게 이루어져야 뇌에서 정상적인 정보 처리와 주의집중을 할 수 있다.

이와 같이 주의집중력이란, 단순히 뇌의 특정 부위 활동이 아니라 뇌 전체의 활동이 유기적으로 이루어져야 본래의 기능을 할 수 있도록 디자인되어 있다. 하지만 주의집중력을 유지하기란 사실 쉬운 일이 아니며, 어떤 종류의 뇌 손상에도 쉽게 상처를 받는다. 그래서 주의집중력의 저하는 뇌 손상에서 가장 빈번하게 발생하는 증상이다.

주의집중력은 아이의 발달 과정에서 극적인 변화를 겪는다. 아이들이 커가면서 미숙했던 주의집중력도 점차 성장해 간다. 특히 주의력의 컨트롤타워라고 할 수 있는 전전두엽의 기능은 발달과 정에서 가장 극적인 변화를 보이는 곳이다. 전전두엽은 7세를 전후로 급성장하고, 12~13세를 전후로 대대적인 신경망의 가지치기를 통해 아주 효율적인 구조와 기능으로 변화한다. 아이들의 주의집중력이 급성장하는 시기도 바로 7~8세와 12~13세다.

그런데 아이마다 주의력발달 속도가 다를 수 있다. ADHD를 앓고 있는 아이는 극단적으로 주의력발달이 지연되어 나타난다. 하지만 대부분의 아이들은 각 나이대에 요구되는 적절한 시간 동안 주의집중을 할 수 있다. 대개 초등학교 2학년 정도가 되면 40분 정도 집중할 수 있는 능력이 생기므로, 학교 수업에 적응하는 데 어려움이 없다. 그리고 중학생이 되면 두 시간 정도의 주의집중을 할 수 있고, 고등학생 정도가 되면 더 긴 시간 동안 집중할 수 있게 된다.

{ 주의집중력의 3가지 유형 }

그렇다면 아이들의 주의집중력을 향상시키는 방법에는 어떤 것이 있을까? 먼저 파악할 것은 아이마다 다른 주의집중력의 특성을 이해하고 거기에 맞추어 자극과 과제를 제시하는 것이다. 특히 7세 이전의 아이들에게는 이런 유형적 접근이 매우 중요하다. 아이들의 주의집중력 유형을 이해하면 훨씬 더 효율적으로 학습지도를 할 수 있다.

주의집중력의 유형을 결정짓는 요소에는 정보 유지력, 정보 파악력(새로운 정보를 배우는 능력), 새로운 자극을 찾는 성향, 위험한 자극을 피하려고 하는 성향이 있다. 앞의 두 가지는 인지적 특성이고 뒤의 두 가지는 정서적 특성이다. 이와 같이 주의집중력은 인지와 정서적 특성 두 가지 영향을 모두 받는다.

그리고 아이의 인지와 정서적 특성을 바탕으로, 주의집중력 유형을 크게 세 가지로 나눌 수 있다. 여기서 주의할 것은 각 유형별로 장단점이 있지만 어떤 유형이 절대적으로 좋거나 나쁜 것은 아니라는 것이다. 그럼 이 세 가지 유형의 특성을 잘 파악하여 아이의 주의집중력을 높이는 방법을 살펴보자.

첫째, 정보 유지력과 정보 파악력은 높지만 위험한 자극을 피하려고 하는 성향이 강하고, 새로운 자극을 찾는 성향이 약한 유형이다. 이 유형의 아이들은 인지·정서 특성이 '편한 쪽'에 속한다. 이 아이들이 편하다는 것은 부모와 교사에게 그렇다는 것이다. 그래서 부모와 교사들은 이런 아이들을 선호하는데, 한마디로 말을 잘 듣고 가르쳐준 대로 잘 배우고 모나지 않으며, 위험한 행동을 하지 않는다. 그러니 가르치고 양육하기가 편하다. 이런 아이들은 인원이 많아도 부담이 안 된다. 초등학교 교사들이 가장 좋아하며, 남자아이들보다는 여자아이들에게 많이 발견되는 유형이다.

하지만 이런 특성을 갖는 아이들에게도 단점은 있다. 가장 큰 단점은 불안 성향이다. 겁이 많아서 할 수 있는 것만 하려는 경향이 있고, 그러다 보니 당연히 새로운 것을 할 때까지 시간이 오래 걸린다. 시작하면 잘할 가능성이 높은데도 하지 않으려고 한다. 고집 때문이 아니라 걱정을 많이 해서 그렇다. 이런 아이들의 학습 효율성을 높여주기 위해서는 편안한 환경을 만들어주고, 안정감 있는 교사를 만나는 것이 중요하다.

더욱 중요한 점은 부모는 아이를 기다려줄 줄 알아야 한다는 것이다. 불안은 타고나는 것도 있지만, 부모 특히 엄마의 불안 행동 특성을 모방하는 경우가 많다. 그러므로 엄마가 좀 더 과감하게 동기를 부여해 주고, 모험을 해보도록 격려하는 것이 좋다. 엄마가 하기 어려우면 아빠가 나서도 좋다. 이런 유형의 아이들은 아빠와 친해져서 적극적인 지지를 받으면 불안 성향에서 벗어나는 경우가 많다.

둘째, 정보 유지력은 높은 반면 정보 파악력은 낮고, 새롭거나 위험한 자극을 회피하려는 유형이다. 이런 아이들은 충성심이 높고 자기에게 주어진 일을 정확하게 하며, 일단 받아들인 정보를 충실하게 반복하여 완전히 자기 것으로 만드는 경향이 있다. 수업 진도는 약간 늦게 따라갈 수 있으나, 한 번 배운 것은 확실히 안다. 단점은 집착과 완고함이다. 불안 성향도 영향을 미친다. 강박적 행동 특성, 즉 자신의 틀을 깨지 못하고 한 가지 문제해결 방법만을 고집하며, 위험에 대해서 과도하게 걱정하고 회피하는 경향을 띤다.

이를 해결해 주기 위해서는 차분하게 상황을 반복적으로 설명해 주는 것이 중요하다. 강박적인 아이들은 자신을 드러내는 것에 자신 없어 하므로 위축되기도 쉽다. 그러므로 아이를 편안하게 해주고, 새로운 정보를 꾸준히 접할 수 있도록 격려해 주는 것이 절대적으로 필요하다.

셋째, 정보 파악력은 높은 반면 정보 유지력은 낮고, 새로운 자극과 위험을 추구하는 유형이다. 이런 유형의 아이들을 부모와 교사들은 꺼리는 경향이 있고, 주의력 결핍 및 충동성을 보일 가능성이 높다. 다소 위험해 보이는 모험도 쉽게 도전한다. 그러다 보니 용감해 보이기도 하지만, 무모해 보일 때도 많고 다치는 일도 비일비재하다. 충동적이라는 지적을 자주 받고 말썽꾸러기라는 소리를 듣기도 한다. 인지적으로 매우 빠르게 학습을 하지만, 끊임없이 새로운 자극을 찾아 헤매느라 과거에 배운 내용을 복습하는 것은 아주 싫어한다.

이런 유형의 아이들이 지닌 가장 큰 장점은 창의력이 뛰어나다는 것이다. 기발한 생각을 자주 하고 좋은 아이디어를 많이 낸다. 또 주변 사람들이 재미있어한다. 친구들에게 인기가 많지만, 돌출 행동으로 인해 그만큼 꺼리는 아이도 많다. 이런 아이들에게 주의집중력을 길러주기 위한 가장 좋은 방법은 불필요한 자극에 너무 많은 시간을 빼앗기지 않도록 주변을 정리해 주는 것이다. 특히 시각적 자극이 문제가 되므로, 책상을 간결하게 하고 인터넷이 연결되지 않는 컴퓨터를 쓰게 하는 것이 좋다. 또 아이 스스로 계획표를 작성하도록 격려하고, 과제 제출일을 잘 살펴서 일정 관리를 할 수 있도록 도와주어야 한다. 한마디로 말하자면, 공부할 수 있는 틀과 구조를 만들어주는 것이 필요하다. 또한 너무 많은 요구사항을 제시하기보다는 중요한 최소한의 요구를 지키도록 가르치고 사회적 규범과 규칙을 반복적으로 설명하여 이해시키고 기억하도록 도와주어야 한다.

사실 이런 유형의 아이들은 어릴 때 손이 많이 가고 양육에 시간과 에너지가 많이 든다. 하지만 모험심, 아이디어, 실행력이 모두 뛰어나므로 나중에 크게 성공할 가능성이 높다. 부모로부터 이런 기대를 받고 자라면 자존감도 높아진다.

지금까지 주의집중력에 관한 뇌과학적 지식과 자녀 양육에 활용할 수 있는 몇 가지 주의집중력 유형을 살펴보았다. 아이들이 특정한 한 가지 유형만을 보이는 경우는 거의 없다. 개개인의 아이들을 보면 이런저런 유형이 섞여 있는 경우가 대부분이다. 하지만 꾸준히 관찰하고 이해하려고 노력하면 특정 유형이 우세한 것을 발견할 수 있을 것이다. 따라서 시간과 노력이 많이 소요되더라도 아이들의 특성을 파악하기 위한 노력을 게을리해서는 안 된다.

몰입의 즐거움

어린이집이나 유치원에 다니는 아이들을 관찰하거나 그들과 함께 놀아본 사람들은 아이들이 얼마나 자기가 좋아하는 놀이에 몰입하며 즐기는지를 알 것이다. 이럴 때 아이들은 놀이, 즉 '지금 여기'에만 집중한다. 대체적으로 나이가 어릴수록 지금을 살아가는 능력이 뛰어나다. 아이들은 자기가 좋아하는 놀이에 정말 시간 가는 줄 모르고 집중한다.

아이들에게 가장 즐거웠던 순간을 물어보면 열이면 열 모두 집중하여 놀 때라고 대답한다. '논다'는 것이 다소 부정적으로 들릴지 모르겠다. 우리나라는 '논다'를 게으르고, 목적 없이 사는 폐인들이

하는 행동처럼 여길 때가 많다. 그러다 보니 '논다'라는 말은 대체적으로 부정적인 의미로 사용되는 경우가 많다.

하지만 아이들이 노는 것은 무한한 상상력과 창조성을 동원하여, 집중하고 있는 활동이다. 그러니 노는 아이를 막지 말아야 한다. 행복이니 불행이니 하는 생각을 할 필요도 없고, 그런 생각 자체를 뛰어넘는 순간이기 때문이다.

그런데 뇌과학 또는 인지과학적인 관점에서 보면, 유치원생 정도의 아이들이 '지금 여기'에 쉽게 몰두할 수 있는 것은 아직 발달하지 못한 '시간과 공간 개념' 때문일 수 있다. 과거-현재-미래로 이어지는 시간의 흐름에 대한 인지적 개념이 부족하기에 미래에 대한 불안도, 과거에 대한 회한도 별로 없는 것이다. 하지만 아이들이 성장하면서 인지기능과 기억력을 담당하는 전전두엽과 측두엽의 발달과 더불어 시간에 대한 개념이 생겨나고, 그에 따라 상황은 달라진다.

시간에 대한 개념은 매우 유용하지만 한편으로는 미래에 대한 불안과 걱정을 낳게 한다. 그에 따라 아이들은 점점 커가면서 '지금 여기'를 즐기는 능력을 조금씩 잃어버리게 된다. 아이들은 성장하면서 보다 나은 미래를 위해서 공부해야 한다는 것, 과거에 있었던 잘못을 반복하지 않기 위해 배워야 한다는 것을 깨닫게 된다.

그런데 여기서 중요한 질문을 하나 던져보자. 인생에서 가장 확실한 것은 무엇일까? 그것은 인생이 유한하다는 것이다. 우리 모두는 죽음을 피할 수 없다. 하지만 많은 이들이 이 사실을 외면하고 살아간다. 우리 주변에는 '생의 유한함을 깨닫는다고 무엇이 달라지는가? 괜한 소리에 마음만 우울해질 뿐이다'라고 생각하는 사람들도 있다. 하지만 생의 유한함을 마음 깊이 깨닫게 되면 '지금 여기'에 충실하게 살아야 하는 동기가 더욱 분명해진다. 죽음이 분명 존재한다는 것이 현재의 삶을 바르게 살아가게 하는 나침반 역할을 한다. 죽어가는 환자를 볼 때, 현재 삶의 가치를 뼈저리게 느끼게 되는 것과 같은 이치다.

삶이 유한하기 때문에 오늘 하루, 지금 이 시간이 얼마나 소중한지를 깊이 받아들일 수 있다. 내 삶이 끝나면 사랑하는 사람들과 영원히 헤어져야 하기에, 가족이나 친구가 얼마나 소중한 사람들인가를 실감할 수 있다. 부모가 되어 자녀들과 함께 보내는 시간이 얼마나 빨리 지나가 버리는지를 깨달으면, 아이와 함께 지금 여기를 함께 나누고 즐기는 시간이 사소한 일로 혼내는 시간보다 분명 더 많아질 것이라 확신한다.

이처럼 유한함을 깨닫는 순간 우리는 더 중요한 일, 더 가치 있는 일을 하게 된다. 그리고 모두 공평하게 유한한 존재들인 우리 자신과 친구에 대해서, 심지어는 나의 적들에 대해서도 동정심을 느낄 수 있게 된다. 그럼으로써 좁아졌던 마음이 넓어지게 되어 아이들을 더 넓은 마음으로 사랑하고 보듬게 된다.

{ 원숭이 마음 억누르기 }

뇌는 생존을 위한 만반의 준비를 하도록 끊임없이 명령을 내리는 사령관이다. 그 명령의 밑바닥에는 불안과 공포가 있다. 또한 뇌는 과거를 반추하는 기계와도 같다. 그래서 예전에 경험한 위험한 순간, 화나는 순간, 안타까운 순간을 계속 떠올리며 되새김질하기를 좋아한다. 이런 뇌의 특성은 개체의 생존이라는 측면에서 보면 바람직한 면도 있지만, '지금 여기'를 희생하며 살게끔 만들어 인간을 불행하게 만드는 측면도 있다.

한편 우리 뇌는 끊임없이 자극을 찾아 헤맨다. 자극이 있어야 만족한다. 그러기에 고요한 현재를 충분하게 경험하기도 전에 시간과 공간을 자유롭게 유영하며 계속 기억을 더듬거나 미래에 대한 걱정을 만들어나간다.

어떤 종교에서는 이것을 '원숭이 마음'이라고 한다. 마음이 한군데 가만히 있지 못하고 원숭이처럼 여기저기를 돌아다니면서 부산하게 움직인다는 뜻이다. 그것도 조급하게.

이런 마음 상태는 우리 뇌의 자연스러운 활동, 즉 깨어 있는 동안 항상 무언가 자극을 찾아 헤매는 특성과 반추, 그리고 생존을 위한 준비 등의 특성들이 결합되어 나타나는 것이다.

게다가 현대에 들어서면서, 이 원숭이 마음을 더욱 부추기고 악화시키는 사회환경적 자극들이 크게 늘고 있다. 인터넷이나 이동통신 기술이 발전하면서 더욱 그렇다. 지하철에서 초등학생이나 중학생 정도 되어 보이는 아이들을 관찰해 보면 금방 알 수 있다. 그 아이들은 한시도 쉬지 않고 스마트폰을 두들기며 새로운 자극을 찾아 헤매고 있다. 자극에 대한 만족 수준 또한 끝없이 높아지고 있다. 그래서 요즘에는 매사를 편안하게 생각하거나 책을 읽는 아이들을 보기가 점점 어려워지고 있다. 원숭이 마음은 10년 전에 비해 100배는 더 빨리 움직이고 활동 범위도 넓어졌다. 산만함을 '멀티태스킹 능력'이라는 이름으로 포장하기도 한다. 하지만 이 세상의 가치를 제대로 경험하고, 창조하기 위해서는 마음속의 원숭이를 차분하게 만들어 '지금 여기'에 집중하게 하는 연습과 훈련이 반드시 필요하다.

나도 두 아이들을 키우면서, 아이들의 마음을 인터넷 게임이 아닌 '지금 여기'에 편안하게 두게 할 방법을 고민해 왔다. 내가 참고했던 여러 연구 결과를 토대로 다음과 같은 대처방안을 제시하고 싶다.

새로운 자극을 찾아 헤매는 부모의 마음과 아이들의 마음을 '지금 여기'로 돌려놓기 위해서는 첫째, 고요함에 익숙해지는 것이 가장 필요하다. 이를 위한 가장 좋은 방법의 한 가지는 부모와 아이가 시간을 정하여 함께 책을 읽는 것이다. 이때 중요한 것은 아이가 읽을 책은 아이 스스로 고르게 해야 한다. 부모가 책을 정해주어서는 안 된다. 아이가 좋아하는 책을 골라서 읽게 하는 게 중요한 첫 단추이다.

처음에는 책 읽는 시간을 30분 이내로 하는 것이 좋다. 그리고 한 달 후에 1시간 정도로 책 읽는 시간을 늘리는 것을 목표로 세운다. 매일 하면 좋겠지만 여건이 안 되면 일주일에 두세 번 정도를 목표로 한다. 평소 책 읽기를 싫어하는 아이들의 경우 책 읽기를 시작하는 데 많은 저항이 있을 수 있다. 그럴 경우 타협과 격려, 그리고 적당한 보상책을 활용하는 것이 좋다. 이런 시간이 정례화되면 아이들은 고요함에 익숙해질 것이다. 책 읽는 동안의 고요함과 평화로움은 원숭이 마음을 진정시키는 특효약이 된다.

둘째, 눈을 보면서 대화하기다. 어떤 사람은 그건 너무나 당연한 일이라고 생각할 것이다. 하지만 평소에 얼마나 자주 아이의 눈을 바라보면서 다정하게 얘기하는 시간을 보내고 있는지 생각해 보자. 아이와 대화할 때 청소하며, 설거지하며, 텔레비전을 보며, 스마트폰을 보며 대충 듣고 대답해 주지 않는가?

아이의 얼굴과 눈을 쳐다보며 미소를 짓고 얘기한 기억을 떠올리기 힘들다면 이제부터 아이의 눈을 보고 진지하게 대화해 보자. 함께 눈을 보고 얘기를 나누는 것은 '지금 여기'에 몰입하는 데에 대단히 효과적인 방법이다.

부모와 아이 사이에 오고 가는 부드러운 눈빛 속에 아이의 마음에 사는 원숭이가 조용해질 것이다. 이때 부드럽게 미소를 지을 수 있다면 더더욱 좋다. 또 아이의 얘기에 토를 달지 말아야 한다. 100퍼센트 아이의 생각을 그저 받아주는 것이 중요하다.

셋째, 여러 번 이야기했지만 복식호흡을 하는 것이다. 호흡의 흐름을 느끼는 것만큼 살아 있음을 느끼게 해주는 것도 없다. 복식호흡을 할 때는 숨을 들이마시고 내쉬는 속도나 양을 억지로 조절하지 않는 것이 중요하다. 종종 복식호흡을 할 때 최대한 길게 들이마신 후 최대한 천천히 내쉬라고 가르치는 사람들이 있는데, 이것은 아이들에게 도움이 되기는커녕 오히려 아이들을 불편하게 만든다. 복식호흡도 자연스럽게 하는 것이 중요하다. 단, 숨을 들이쉬면서 배를 내밀고, 내쉬면서 배를 꺼뜨리는 것을 반드시 느껴보아야 한다. 내가 아이들과 직접 해본 결과 차분하게 집중하는 연습을 하는 방법으로는 단연 복식호흡이 최고였다.

아이가 복식호흡을 잘 못할 때는 배 위에 가볍게 손을 얹으면 많은 도움이 된다. 나이가 어릴 때는 대개 복식호흡을 위주로 하다가 나이가 들면서 흉식호흡으로 바뀌기 때문에, 어떻게 보면 아이들에게는 복식호흡이 하나도 힘들지 않고 자연스러운 것일 수 있다. 잘 따라 하는 아이에게는 눈을 감고 5분 정도 시키는 것이 좋다. 이후 조금씩 시간을 늘려 가면 된다. 하지만 20분 이상은 하지 않는 것이 바람직하다.

복식호흡은 그 자체로도 집중과 안정감을 길러주는 매우 좋은 방법이고, 좀 더 발전시키면 명상의 기초가 된다. 명상은 방황하는 원숭이 마음을 다스리고, '지금 여기'에 몰입하는 마음을 만드는 데 매우 도움이 된다.

명상은 집중력과 창의력에도 기여한다. 명상을 통해 얻은 고요한 마음은 문제 해결능력과 기억력도 향상시킨다. 최근 미국과 유럽 등지의 세계적인 연구기관에서 쏟아내는 기능적 MRI를 활용한 뇌과학 연구를 살펴보면, 명상은 전전두엽의 기능을 향상시키고 전전두엽과 다른 뇌 부위 간의 신경망을 튼튼하게 하며, 전전두엽의 뉴런 발달을 촉진시키고 있음을 알 수 있다. 정보통신과 게임 산업의 발달로 인해 혼돈 속에서 방황하고 있는 아이들의 마음을 복식호흡과 명상을 통해 집중하고 몰입할 수 있는 마음 상태로 바꿀 수 있다.

이와 같이 부모와 함께 책을 읽으며 고요한 시간을 갖고, 부모와 아이가 서로 미소 띤 눈을 바라보면서 편안히 대화하고, 짧게나

마 복식호흡으로 마음을 가다듬게 되면, 아이들의 마음을 어지럽히던 원숭이 마음은 호수 같은 마음으로 대반전될 것이다. 그때 바로 아이의 뇌에서는 생산적인 창의력이 샘솟기 시작할 것이다.

상상력이
뇌 지도를 바꾼다

뇌과학계에서 상상이 뇌에 미치는 영향력을 발견한 것은 그리 오래되지 않는다. 많은 뇌 과학자들은 상상을 통한 뇌 훈련을 매우 비과학적 방법으로 치부해 왔다. 거짓 영상을 만들어내어 사람들을 현혹시키는 사기술이라고 비하한 학자도 있었고, 현실을 떠난 망상을 강화할 거라는 주장을 한 사람도 있었다. 엄격한 실험 증거를 요구하는 과학자들이 이런 정신적 훈련의 효과를 받아들이기는 어려웠을 것이다. 그러나 과학자들 중에는 증명할 수는 없지만 상상을 통해 인간의 뇌가 변화될 수 있다는 신념을 피력한 이들도 있었다. 특히 뇌의 신경가소성을 믿는 과학자들이 그러했다.

19세기 스페인의 신경해부학자였던 라몬 카할_{Ramon Cajal}이 그 대표적인 인물이다. 그는 "우리 뇌는 정신적인 훈련을 통해 단련될 수 있으며, 뉴런 간의 연결망에도 변화가 생길 수 있다"고 주장했다. 그러나 이에 대해 그는 아무런 근거도 제시하지 못했다. 단지 뇌의 신경가소성에 대한 신념에서 출발한 주장이었으므로, 주류 과학계에서는 이 주장을 일축했다.

그 후, 100년이 지난 1990년대 이 주장을 증명하기 위한 실험이 하버드대학의 파스쿠알 레오네_{Pascual-Leone} 교수에 의해 실행되었다. 그 역시 스페인 혈통을 가진 사람으로서 그에게 카할은 어릴 때부터 이상적 모델이었다고 한다. '상상을 통한 정신훈련이 뇌 지도에 미치는 영향'이라는 제목의 연구에서, 레오네 교수는 피아노를 전혀 배운 적이 없는 두 집단을 대상으로 한 피아노 연주 훈련 실험을 시행하였다. 한 집단은 정신 훈련을 받게 하고 다른 집단은 신체 훈련을 받게 했다. 정신 훈련 집단은 하루 두 시간씩 닷새 동안 피아노 건반 앞에 앉아 그 멜로디를 연주한다는 상상을 하면서 피아노 연주를 들었다. 반면에 신체 훈련 집단은 하루 두 시간씩 실제 피아노를 치면서 그 멜로디를 연습했다.

닷새 동안의 훈련 뒤에, 레오네 교수는 정신 훈련만 받은 그룹과 신체 훈련을 받은 그룹이 놀랍게도 비슷한 정도로 뇌 지도에 변화가 나타난 것을 발견했다. 이 결과는 상상을 통한 정신 훈련만으로도 뇌의 기질적 변화를 만들어낼 수 있다는 직접적인 증거를 제시해 주었다. 레오네 교수팀은 이 방법을 응용하여 골프와 체스 같은 다양한 운동기능을 학습하는 데에 정신 훈련을 활용할 수 있다는 가능성을 제시하였다.

실제 훈련과 상상을 통한 훈련 모두 그 훈련과 연결된 뇌의 신경망에 기질적인 변화를 가져온다. 뇌 지도가 변화하였다는 것은 시냅스의 효율이 증가하거나 신경망의 시냅스 수가 늘어났다는 것을 의미한다. 좀 더 자세히 설명하면 단기적인 변화는 시냅스나 뉴런의 수적인 증가 없이 시냅스의 정보 전달 효율성만 증가한 것을 의미하며, 장기적 변화는 실제로 뉴런과 시냅스 수가 증가한 것을 의미한다.

상상을 통한 정신 훈련이 가져오는 뇌의 기질적 변화에 대한 연구는 아이를 위한 교육에도 많은 것을 시사한다. 좀 더 체계적인 연구가 필요하지만, 아이의 신경가소성은 어른의 몇 배 또는 수십 배에 이른다. 아이가 새로운 언어를 학습하는 능력, 운동기능을 배우는 능력, 예술적인 감각을 기르는 능력 등이 어른에 비해 뛰어나다는 것은 잘 알려져 있다. 그뿐만 아니라 아이와 어른 사이에는 더 큰 차이가 존재한다. 바로 상상력의 차이다.

아이의 상상력은 무한하다. 아이는 끝없는 상상을 통해 즐거운 놀이를 생산하고 미래를 설계하며, 현실의 어려움을 극복해 나간다. 그러니 아이의 상상력을 인지능력의 한 부분으로 인정해 주자.

말하기, 셈하기, 영어 실력만이 능력이 아니다. 상상력이야말로 창의력의 원천이라는 것을 인정해 주자. 또한 상상 속의 인물도 존중해 주자. 아이는 어떤 필요에 의해서 상상의 인물을 만들어낸다. 그 필요를 이해하려고 노력하면서 아이의 상상의 세계를 그대로 받아들여 주자. 상상을 통한 아이와 부모의 소통은 아이의 세계를 부모가 이해하는 창문 역할을 하며, 동시에 잠자고 있던 부모의 무한한 상상력의 원천을 일깨워주는 역할을 할 것이다.

15

자존감을 높이는
마법사

1970년대 많은 아이들의 그림 속에 등장했던 들고 다니는 전화기는 상상력의 산물이었지만, 몇십 년 후 대부분의 사람들이 휴대폰을 사용하고 있다. 즉, 요즘 우리가 쓰고 있는 휴대폰은 오래전부터 꿈꿔온 상상력과 창의력의 산물이다. 1980년대에는 담뱃갑만한 컴퓨터를 호주머니에 넣고 다니는 것도 상상력의 소산이었지만, 요즘 유행하는 스마트폰은 창의력을 통해 만들어진 산물이다. 이처럼 상상력이 앞서가면 창의력이 뒤따라온다.

아이들이 상상력을 발휘할 때는 오감이 모두 동원된다. 아이들의 상상력의 산물에는 모양과 색깔이 있고(시각), 소리를 내며(청각), 특유의 향을 내는데다(후각), 특별한 맛이 나고(미각), 부드럽거나 딱딱하다(촉각). 그래서 매우 구체적이고 현실감마저 든다. 이런 아이의 상상력을 활용할 수 있는 길은 무궁무진하다.

상상력은 뇌 지도를 변화시키며 학습능력을 향상시킬 수 있다. 상상은 단순히 헛된 것이라는 편견을 버릴 때 상상력은 창의력으로 연결될 것이다. 어떻게 하면 상상을 활용하여 아이의 뇌 지도를 변화시킬 수 있을까? 이를 위해서는 먼저 아이를 편안한 이완 상태로 유도하는 것이 중요하다. 배를 천천히 불리는 복식호흡을 몇 번 하게 하면 편안한 이완 상태가 된다. 그리고 눈을 부드럽게 감게 하고, 대뇌 속으로 여행을 떠나본다고 얘기해 준다. 그러면 아이는 상상의 세계로 들어갈 준비가 된다.

이제 상상력을 활용하여 아이의 학습능력을 향상시키는 방법에 대해 구체적으로 살펴보자. 나는 학습에 어려움을 겪는 아이에게 숙제나 공부를 하기 전에 공부에 방해되는 부정적인 생각을 씻어내는 상상을 하게 한다. 상상 속의 하얀 비누 거품으로 나쁜 생각의 먼지와 때를 깨끗이 닦아내자고 한 뒤 학습과 문제해결을 위한 능력이 배가되었다는 상상을 하게 한다. 마지막으로 숙제를 모두 끝냈을 때의 기분 좋은 만족감을 미리 상상하게 해준다.

상상을 통해 학습에 도움을 주는 마법사를 불러올 수도 있다. 읽기 마법사, 산수 마법사 등 아이에게 자신감을 심어주는 학습 마법사를 뇌 속으로 불러올 수 있다. 이런 상상 속의 마법사 놀이를 통해서, 학습을 놀이화하여 아이가 힘들어하는 과목을 재미있게 해줄 수도 있다.

아이는 감정을 언어적으로 표현하는 데에 어른만큼 익숙하지 않다. 특히 분노, 억울함, 슬픔 등의 부정적인 감정을 말로 표현하는 것은 힘든 일이다. 하지만 상상 놀이를 통해 이런 감정의 언어표현 훈련도 가능하다.

예를 들어 공부를 하면서 힘들었던 감정을 표현하는 시간을 가져본다. 이를 위해 먼저, 눈을 감은 상태에서 공부하면서 들었던 느낌을 상상해 보게 한다. 대개 아이들은 이때 어떤 심볼을 얘기하는데 그 심볼에 집중하고 모양, 색깔, 이름을 말하게 한다. 만약 아이가 '화'라는 감정의 심볼을 얘기하고 있다면, '화'라는 심볼이 어떤 말을 하고 싶은지 얘기해 보게 하는 것이다. '화'라는 심볼의 얼굴이 보인다면 표정은 어떤지 물어볼 수도 있고, 그 심볼을 달랠 수 있는 방법을 함께 얘기해 볼 수도 있다.

이런 종류의 감정표현 연습은 아이의 정서, 언어 발달뿐만 아니라 자신감을 갖게 하는 데에도 많은 도움을 준다. 대뇌를 탐험하는 과정에서 감정 심볼 외에도, 아이가 평소에 갖고 싶었던 능력 또는 자신을 괴롭혔던 걱정거리 심볼도 나올 수 있다. 이런 상상 놀이는 아이의 내면을 이해할 수 있는 좋은 기회가 된다.

상상의 힘을 통해서 새로운 학년을 시작하는 아이들의 불안을 떨쳐줄 수도 있다. 새학기의 시작은 가벼운 흥분감과 함께 불안감이 밀려오는 때이기도 하다. 불안감을 줄이고 새로운 학년에 더 잘 적응할 수 있도록 돕는 방법으로 상상력을 응용하는 예도 있다. 이럴 때는 아이와 함께 '꿈속의 학교'에 대해 얘기하는 시간을 갖는 것도 도움이 된다.

최근에는 다양한 정신건강 문제를 상상력이라는 아이의 내적 자원을 통해 치료하고자 하는 시도가 늘어나고 있다. 예를 들면, 야뇨증에 걸린 아이도 이 방법으로 도움을 받을 수 있다. 밤에 자기도 모르게 오줌을 싸는 아이는 자존감이 떨어지고 위축되기 쉽다. 또한 자신이 실수를 계속할 거라는 불안감도 높아진다. 하지만 상상력을 이용하여 아이의 낮아진 자존감을 회복시켜주고, 조절 능력이 나날이 발달하고 있다는 안정감을 줄 수 있다. 그뿐만 아니라 통증에 매우 예민한 아이를 위한 상상요법, 수면을 유도하는 상상요법 등 아이들의 어려움을 돕는 데에 상상력은 매우 폭넓게 활용될 수 있다.

아이들 중에는 상처받은 마음을 스스로 치유하는 능력을 상상을 통해서 얻는 경우도 있다. 어른들이 음악이나 영화 같은 상상의 창조물을 통해 치유받는 경우처럼 말이다. 그런데 아이는 어른보다 적극적으로 상상력을 발휘하여 자신을 치유하려고 한다. 그것은 무의식적으로 일어나는 과정이다. 어른의 폭력에 희생당한 경험이 있는 남자아이가 힘이 세지는 영웅이 되어 악당들을 혼내주는 상상을 통해 자존감을 회복하려고 애쓰는 것도 이런 예가 될 수 있다.

아이들의 행복감과 만족감을 높이기 위해서 상상력을 활용하는 경우도 있다. 이런 상상을 행복 상상법이라고 한다. 아이들이 좋아하는 대표적인 행복 상상법에는 '무지개', '마술 정원', '치유의 샘' 같은 상상의 산물이 자주 등장하곤 한다. 아이와 함께한 행복 상상법을 한 가지 소개해 보겠다.

"○○야, 눈을 감고 호흡을 천천히 해보자. 마음속에 있는 짜증이나 힘든 것을 숨을 내쉬어 몸 밖으로 내보내 봐. 숨을 내쉴 때 무지개색 풍선을 크게 불어보자. 그리고 그 풍선을 이제 높이 날려보렴. 머리 위로 멀리멀리 말이야. 풍선이 높이 날아가 오색 무지개 위에 앉아 있구나.

이제 네 주변은 꽃향기로 가득하단다. 무지개색 꽃밭도 펼쳐져 있어. 이곳은 너만을 위한 정원이야. 네가 정성껏 가꿔온 꽃들이 이제 막 피기 시작하고 여기저기 과일도 열려 있네. 이 정원에는 꽃만 심는 게 아니야. 네가 원하는 것은 무엇이든 심을 수 있어. 평화도 심을 수 있고, 편안한 마음도, 행복과 기쁨도 심을 수 있어. 이 꽃밭은 행복한 마음이 무럭무럭 자라는 꽃밭이야. 네 마음속에 활짝 피어 있어. 이 정원의 꽃들을 잘 돌봐주길 바라. 그러면 곧 너에게 마술 같은 시간이 올 거야.

정원 저쪽에는 아름다운 연못이 있어. 연못으로 가보자. 물의 온도는 아주 적당하네. 연못 주변은 아름다운 바위가 있고, 바위에는 부드러운 이끼가 두텁게 끼어 있어서 머리를 대고 누워도 편안하단다. 여기 천천히 누워보렴. 몸을 씻고 마음을 씻어서 너를 낫게 해주자. 이 연못의 이름은 '치유의 샘'이야. 너의 슬픔과 상처들이 모두 사라질 거야."

{ 상상의 힘이 강한 아이로 키우려면 }

이제 상상의 힘이 강한 아이로 키울 수 있는 구체적인 방법을 살펴보자.

첫째, 잘 노는 아이가 되게 하자. 어린아이들에게 상상력과 창의성을 키워주는 최고의 방법은 놀이다. 만 2~3세에 인형 놀이나 병원 놀이 같은 역할 놀이는 상상력을 한 단계 높이는 역할을 한다.

둘째, 감각을 다양하게 훈련하자. 시각을 청각으로 연결하고, 청각을 시각으로 연결하는 등 두 개 이상의 감각을 사용하는 것을

'공감각'이라고 한다. 공감각 놀이를 통해 감각들을 서로 교감하고 연상할 수 있게 하면 상상력이 더욱 풍부해질 수 있다. 음악을 들으면서 아이에게 "어떤 색깔이 떠오르니?", "빨간 사과는 어떤 촉감일까?", "엄마의 손은 어떤 냄새일까?" 등 특정한 사물이나 형태에 색깔, 냄새나 촉감 등을 떠올리도록 하면 효과적인 상상력 훈련이 될 수 있다.

셋째, 재미있는 상상을 자극할 수 있는 질문을 던지자. 상상력을 키우고 싶다면 아이의 뇌를 바쁘게 만들어야 한다. "피터팬이 만약 너에게 날아온다면 뭘 같이 하고 싶니?", "놀부가 착해지고 싶다고 하면 어떤 조언을 해주고 싶니?" 등 아이의 상상력과 호기심을 자극하는 질문을 해보자.

넷째, 혼자만의 시간을 주자. 상상력을 키우기 위해서는 억압하지 말아야 한다. 너무 세심한 부분까지 부모가 챙겨주는 것보다는 큰 줄기만 잡아주는 것이 독립심을 키워준다. 문제 해결을 일일이 대신해 주는 것은 상상력을 키우는 데 좋지 않다. 아이가 해결하기 적당한 문제라면 스스로 할 수 있는 시간을 주자. 독립심과 문제를 해결할 수 있는 동기를 부여해 주면, 아이의 뇌에서는 상상력이 발휘되고 창의력이 샘솟게 된다. 따라서 아이를 과잉보호하거나 과도하게 통제하여 독립성과 문제 해결능력, 상상력, 창의성 등을 고갈시키지 말자.

한계를 뛰어넘는 창조의 힘도 상상력에서 나온다. 우리 아이들은 자신을 울타리에 묶어두지 않는다. 한계라는 말을 아주 싫어하는 것이 상상의 힘이요, 창조의 원천이다.

새로운 것을 향한 열망은 우리 뇌의 가장 밑바닥에 위치한 감정의 뇌에서 오는 강한 에너지에 의해 자극된다. 감정의 뇌에서 불붙은 상상력은 신경망을 따라서 아래에서 위로 전달된다. 이 감정의 에너지는 궁극적으로 통합의 뇌인 전두엽을 강하게 자극한다. 전두엽의 본부에서는 우리의 경험과 학습이 녹아 있는 뇌의 모든 부위에 명령을 내리고, 다양한 뇌 영역에 흩어져 있던 기억과 학습 내용을 이끌어낸다. 처음에 산만했던 이 아이디어들은 전전두엽에 의해 통합되고 조율되어 생산적인 아이디어, 창조적 아이디어로 연결된다. 감정의 뇌에서 시작된 이 흐름이 전체 뇌의 흥분과 짜릿함을 전달한다. 이것이 바로 정서적 기쁨이다.

아이를 책상 앞에 앉히고 등수라는 획일적인 잣대로 평가하는 대신, 어떻게 하면 더 많이 상상하고 그 상상을 표현할 수 있게 할까를 고민해야 한다. 우리 아이들에게 이미 세상에 가득한 지식을 가르치기보다 세상에 없는 '상상'을 펼치도록 가르쳐야 한다. 아이가 미래에 대해 끊임없이 상상하도록 격려하고, 아이의 엉뚱함에 진심어린 박수를 보내는 태도. 이것이 바로 아이를 존중하고 온전히 키워내는 핵심이다.

전전두엽을 자극하는
책 읽기의 효과

오늘 나는 바쁜 하루를 보냈다. 아침 일찍부터 일본의 고성 두 곳과 절, 그리고 그 주변 마을에서 벌어진 마쭈리 축제에 가기 위해서 서둘렀다. 오사카 성, 하지메 성에 들르고 돌아오는 길에는 교토의 청수사에서 열린 법회도 참석하였다. 길거리에서 열린 마쭈리 축제는 환상적이었다. 고베의 화려하고 흥분되는 행렬 속에 끼어들던 나는 그만 여기서 길을 잃고 싶다는 생각이 들 정도로 축제에 푹 빠졌다. 점심을 먹고 오후에는 바닷속을 탐험했다. 쥘 베른의 『해저 2만 리』를 읽으면서 늘 꿈꿔왔던 바닷속 탐험이었다. 오늘의 동반자는 호주 퀸즐랜드대학교 해양연구소의 킹 박사였는

데, 바닷속 세계에 대한 실감 나는 안내를 받았다. 무서운 백상어와 독을 가진 젤리피쉬에 대한 얘기가 제일 기억에 남았다. 역시 스쿠버 여행은 짜릿했다. 그리고 저녁에는 왓슨 박사와 함께 마지막 뱀파이어가 사는 영국 런던 근교의 한 마을을 방문했다. 그 마을은 무언가 심상치 않은 비밀이 숨겨진 것 같다. 그것도 아주 오래된 비밀이. 아마 내일은 되어야 그 비밀이 무엇인지 알게 될 것 같다.

위 글속에 나오는 화자는 누구일까? 세계여행을 다니듯, 전 세계의 문화와 문학 그리고 해양 탐사까지 즐기고 있는 이 화자는 누구인가? 일본의 고성과 호주의 바닷속 그리고 영국의 귀신 마을까지 하루 내에 섭렵한 그의 행동력은 가히 놀랍기만 하다. 사실 이 화자는 어른이 아닌 열한 살 시절의 우리 아들이다. 그리고 이 글은 그날 하루 동안 아이가 읽은 세 권의 책 내용이 정리된 일기장에서 내가 발췌했다.

책을 읽는 아이의 마음속에, 그리고 그 아이의 머릿속에 어떤 경험들이 축적될지는 이 짧은 요약본이 잘 얘기해 주고 있다.

책이 주는 영향은 무한하다. 어느 서점의 오랜 표어인 '책이 사람을 만든다'는 말은 조금도 틀린 말이 아니다. 특히 아이들의 상상력과 창의력을 키워주는 데 있어 책이 가진 위력을 부인할 사람은 한 명도 없을 것이다. 책에서는 가보지 못한 곳, 가보지 못한 시대를 자유롭게 넘나들며 가상의 여행을 할 수 있다. 이런 여행을 통해 아이는 성장한다. 물론 직접 가보는 것만큼의 자극을 받지는 못할 수도 있다. 그러나 직접 가본다고 해서 책에서 읽었던 경험을 다 할 수 있는 것도 아니다. 책으로 하는 경험은 직접 가서 경험해 보는 것보다 더 큰 자극을 줄 수 있다.

{ 아이를 책의 세계로 안내하는 방법 }

책 읽기의 세계로 아이를 안내하는 가장 좋은 방법은 무엇일까? 집에 조용한 서재를 만들고, 많은 책을 사서 꽂아주고, 아이에게 책을 한 권 읽을 때마다 칭찬을 하고, 상을 주는 것이 좋은 방법일까? 아주 틀린 것은 아니지만, 그런 환경적 준비만 된다고 아이들이 책을 읽는 것은 아니다.

책의 세계로 안내하는 첫 번째 방법은 바로 부모가 책을 읽는 것이다. 그렇다고 아이에게 보여주기 위해서 읽지는 말자. 부모가 아무 말 없이 조용히 독서를 하면서, 미소를 띠고 재미있거나 좋은 내용을 아이에게 들려주는 것만으로도 아이는 책의 세계에 입문할 수 있다.

식사 시간에는 다른 이야기보다 책에서 읽은 내용으로 토론하는 시간을 가져보자. 책의 주인공과 주변 인물에 대한 생각을 얘기해 보자. 책 내용을 가지고 토론하다 보면 아이는 물론 부모도 책의 세계에 푹 빠지게 된다. 아이의 상상력이 배가될 뿐만 아니라 기존에 가지고 있던 지식과 상상력이 결합되어 새로운 이야기로 재탄생하게 된다.

그리고 가급적이면 독후감은 쓰게 하지 말자. 나도 아이에게 책 읽기를 권하면서 한동안 독후감을 쓰게 했다. 물론 달콤한 미끼를 내거는 것도 잊지 않았다. "이 책 참 좋구나. 굉장히 재미있어. 이거 읽고 독후감 쓰면 아빠가 30분 동안 게임하게 해줄게."

기대했던 대로 결과는 좋았다. 처음으로 아이가 한 페이지 분량의 독후감을 써서 내게 가져왔으니 말이다. 그러나 독후감의 내용은 좀 실망스러웠다. 그래서 맞춤법도 고쳐주고, 독후감에서 꼭 갖추어야 하는 내용의 요약, 주인공과 주변 인물에 대한 평가, 느낀점에 대해서 가르쳐주었다. 하지만 이런 유혹과 가르침으로 일관해서 책을 읽게 한 결과는 참패였다.

아이는 관심도 없는 책을 다 읽은 후 내용까지 요약해서 정리해야 하는 고역을 결코 자발적으로 하려고 하지 않았다. 이 일을 계기로 곰곰이 생각해 보니 내가 책의 세계로 아이를 데려가려 한 것이 아니라, 지겹고 끔찍한 논술의 세계에 밀어넣은 꼴이었다. 그것을 깨닫고 나서 아이의 독서에 일절 간섭하지 않고 책이 많은 곳에 데

려가기만 했다. 도서관 말이다. 그것도 주말에 가끔씩. 그런데 이렇게 하자 놀라운 일이 벌어졌다.

아이가 스스로 책을 신청하고, 몇 권씩 대출해서 읽기 시작했다. 책을 읽고 나서 느낀 점을 얘기하고 주인공이나 기타 인물에 대해서 논평도 했다. 책 내용 중 좋았던 것과 실망했던 것도 스스로 이야기하기 시작했다. 심지어 자발적으로 간단한 요약서를 만들고 독서 계획도 세웠다. 그때 다시 한번 깨달았다. 아이에게 독서는 강요한다고 해서 되는 것이 아님을. 부모는 그저 아이에게 책 읽는 모습을 보여주기만 하면 된다.

만화책도 책의 세계에 입문하게 하는 좋은 방법이다. 만화책 자체에 거부감을 느끼는 부모도 많은 것 같지만 잘 만들어진 만화책은 좋은 동화책 못지않게 상상력과 창의력의 보고가 될 수 있다고 생각한다.

만화는 그 자체가 상상력의 구체적 표현이다. 인물의 얼굴, 행동, 배경 등이 그림으로 묘사되어 있어서 글자만으로 상상하기 힘든 부분을 아주 구체적으로 떠올릴 수 있게 도와준다. 그리고 상당한 수준의 스토리 전개도 가능하기에 정말 감동을 진하게 받는 경우도 있다. 부모들도 이제 만화책에 대한 선입견을 버리고 아이와 함께 좋은 만화책을 골라서 재미있게 읽고 토론하는 시간을 가져보길 바란다.

책의 세계로 안내하기 위한 또 하나의 방법이 있다. 그것은 아이를 좀 심심하게 하는 것이다. 아이들이 심심한 상태에 익숙해지도록 노력할 필요가 있다. 젊은 부모 중에는 심심한 아이를 그냥 놔두지 못하는 경우가 있다. 또 공부를 많이 시키는 것은 좋지 않다는 것에 공감하는 부모들도 아이에게 무언가 재미있는 놀이 등을 통해 자극을 쉼 없이 줘야 한다는 강박관념을 갖고 있기도 하다. 그래서 각종 문화행사나 체험학습을 열심히 따라다니고, 아이들이 참여하는 캠프에 꼭 한두 번은 보내기도 한다. 하지만 책의 세계로 아이가 자연스럽게 들어가기 위해서는 좀 심심해야 한다. 아이가 심심한 가운데 뒤적여본 책에서 놀라운 재미를 발견할 수 있게 해주어야 한다.

앞에서도 언급했듯이 창의성은 축적된 지식이 새롭게 연결되고 조합될 때 나타난다. 이 연결 고리가 바로 상상력이다. 자유로운 상상력이 기존에 있던 지식들을 그물 짜듯이 종으로 또는 횡으로 연결시키는 것이다. 그러면 놀라운 창조적 지식이 산출된다.

책의 세계는 이 모든 것을 제공한다. 굳건한 지식도, 자유로운 상상의 여백도 책 읽기를 통해서 얻을 수 있다. 이것이 책의 세계의 빠진 아이들이 창조적인 아이가 될 수밖에 없는 이유다.

독서 못지 않게 음악이 아이들의 뇌 발달에 주는 효과도 크다. 뇌영상연구brain imaging study 방법들이 크게 발전하면서, 음악의 효과에 대한 인지 신경과학cognitive neuroscience of music이라는 학문 분야가 확고하게 자리잡게 되었다.

우리가 좋아하는 음악을 들을 때 뇌의 반응을 살펴보면 뇌의 보상 중추를 활성화시키는 것과 밀접한 관련이 있었고, 익숙한 노래를 들을 때는 해마-측두엽 등 기억과 관련된 뇌 부위들이 활성화되었다. 음악적 자극은 시각-청각-공감각 등 다양한 형태의 기억을 동시에 활성화시키는데, 이는 행복과 즐거움을 느끼고 동기부여를 촉진하는 데도 영향을 주는 것으로 나타났다.

악기를 배우고 연주하는 효과도 비슷하다. 악기 연주는 시공간 능력과 운동 조절 능력을 담당하는 우리 뇌의 뒤쪽 부위를 발달시키는 데 도움을 주며 장기간의 훈련은 신경가소성을 통해 뇌의 구조적 변화까지 일으킬 수 있다는 것도 확인되었다.

독서와 음악 모두 우리 아이들의 뇌 발달에 긍정적인 영향을 미친다. 그 외에도 정서적인 안정과 즐거움, 그리고 상상력을 불러일으키는 것도 빼놓을 수 없는 효과일 것이다. 건강한 아이들의 뇌 발달을 위해 책과 음악을 가까이하자. 이것이야말로 아이에게 부모가 줄 수 있는 가장 좋은 선물이 될 것이다.

따뜻한 눈으로
타인을 보게 하는 정서 지능

17
어울림도
능력이다

행복한 아이가 보여주는 능력 중 가장 중요한 것은 바로 어울림의 능력이다. 그런데 놀랍게도 우리 아이의 뇌 속에는 '어울림'의 능력이 발휘되는 부위가 존재한다. 만 네 살 경이 되면 또래들과 어울려 지내려고 하는 성향을 보이는데, 이는 아이의 뇌 속에서 그렇게 하도록 지시하기 때문이다. 이처럼 아이들이 혼자 외롭게 고립되어 있지 않고 자연스럽게 서로 어울려 놀 수 있는 것은 뇌의 한 부분을 차지하는 거울신경mirror neuron의 작용 때문이다.

거울신경세포의 존재가 알려진 것은 원숭이를 대상으로 한 일련의 실험을 통해서였다. 연구자들이 원숭이에게 컵을 붙잡는 동작을 가르치던 중, 사람이 컵을 잡는 동작을 보고만 있는 원숭이 뇌파의 특정 부위가 활성화되는 모습을 관찰하고, 그 움직임을 조절하는 특정 신경군이 존재한다는 것을 발견했다. 그리고 행동을 보기만 해도 활성화된다는 것은 그 행동을 모방하기 위한 일종의 준비 동작 같은 것이라고 추정했다.

인간의 뇌에서 거울신경세포는 전두엽의 운동조절 중추에서 먼저 확인되었고, 그 후 두정엽이라는 뇌 뒤쪽 부위에서도 확인되었다. 그리고 이 부위들 간에 협응協應(서로 도와 반응함)적 관계가 있다는 것과 다른 동물과 비교하여 인간의 거울신경세포가 가장 정교하게 발달하였다는 사실이 발견되었다.

그렇다면 우리 아이의 뇌 속에 있는 이 시스템은 아이들의 발달 과정에서 어떤 역할을 할까? 무엇보다 거울신경회로는 아이들이 언어 능력을 갖추는 데 매우 중요한 역할을 한다. 아이들은 문법이나 어법을 공부하지 않아도 부모의 말소리와 표정, 말투를 통째로 따라 하면서 언어를 배우는데, 이때 결정적인 역할을 하는 것이 거울신경세포다. 그리고 중요한 운동기술을 배우는 데에도 큰 역할을 한다. 예를 들어 숟가락이나 젓가락질 같은 기본 생존 운동에서부터 공을 차거나 던지는 등 동작을 배우는 데에도 중요한 역할을 한다. 이런 운동기술을 배울 때 직접 몸을 쓰지 않고 보는 것만으로도 그 기술이 머릿속에 각인되기 때문이다.

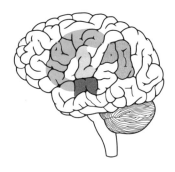

〈그림 5〉 거울신경세포의 분포

무엇보다도 어울림을 배워가는 과정에서 거울신경세포의 역할
이 빛을 발한다. 다른 사람의 의도$_{intention}$, 동기$_{motivation}$, 감정$_{emotion}$
을 직관적으로 이해하는 작용은 거울신경세포와 연관된 것이다.

남성과 여성을 비교하면, 일반적으로 여성의 거울신경 시스템
이 더 활성화되어 있는 것으로 알려져 있다. 학자들은 아이를 낳고
양육하는 역할과의 연관성을 찾기도 하고, 여성의 정서적인 예민
성과 연관되어 있다고 보기도 한다. 아이들은 어울림의 즐거움을
잘 알고 있으며, 그것을 표현하고 싶은 욕구가 이미 뇌 속에 잘 마
련되어 있다. 물론 아이에 따라서 속도나 그 욕구를 얼마나 드러내
고 싶은가의 정도 차이도 있다. 하지만 그 바탕에 있는 욕구는 동일
하다. 친구와 함께 놀고 싶고, 친구를 그리워하고 아끼는 마음이 아
이들의 뇌 속에 이미 마련되어 있는 것이다.

이러한 어울림의 능력을 발달시키기 위해서는 아이에게 부모의 가치관에 의한 일방적인 구분과 차별을 가르치는 대신 다양성을 포용하는 마음이 자연스럽게 성숙해지도록 놔두기만 하면 된다.

어느 아파트에 사는 아이인지, 부모가 뭐 하는 아이인지로 구분하지 말자. 돈이 많거나 적은 집 아이, 외국 아이와 한국 아이, 공부 잘하는 아이와 못 하는 아이로 구분하며 차별하지 말자. 서로에 대한 구분과 차별이 없는 아이들의 신선한 눈을 그냥 놔두자. 아이를 외롭지 않고 행복하게 자랄 수 있도록 하는 것은 이처럼 별로 어렵지 않다. 우리는 아이들의 뇌 속에서 진화의 선물로 살아 숨 쉬고 있는 이 따뜻한 거울신경 시스템이 잘 발휘될 수 있도록 뒤에서 응원만 해주면 된다.

공감은
사랑을 먹고 자란다

행복은 관계를 통해서 싹튼다. 인간의 뇌는 진화해 오면서 대인 관계 기능에 대한 부위 또한 놀랄 만큼 발달되어 왔다. 그중 하나가 공감 능력이다. 지금도 그렇지만 미래에는 공감을 기반으로 한 관계 형성 능력이 매우 중요해질 것이다. 공감은 의미 있는 관계의 기초가 된다. 친구를 잘 사귀고 그 관계를 오랫동안 유지하는 아이들을 보자. 모두 상대방의 말을 잘 들어주는 공감의 귀를 가진 아이들이란 것을 알 수 있다.

북미 인디언들에게는 오래전부터 내려오는 한 이야기가 있다. 행복한 삶을 살았을 뿐만 아니라 매우 현명하고 똑똑하여 부족민

들로부터 마음에서 우러나오는 존경을 받는 노인이 있었다. 많은 사람들이 그에게 와서 어떻게 하면 그렇게 살 수 있는지를 물어보았다. 그러자 노인은 이렇게 대답했다. "내 마음속에는 다루기 힘든 맹수들이 살고 있습니다. 그것들을 나는 사랑으로 길들이고 있어요. 내가 매일 사랑으로 길들이지 않았다면 모든 게 달라졌겠죠."

공감과 사랑은 서로 통한다. 사랑은 공감을 통해 이루어진다. 맹수들에게 먹이(사랑)를 끊임없이 주면서 길들이는 방법은 공감이다. 공감이 사라지면 미움이 시작된다. 사랑이 미움으로 변한다. 그렇다면 가족과 아이의 행복을 위해 우리 속에 갇혀 있는 맹수를 어떻게 길들여야 할까?

다행히 인간은 진화를 거듭하면서 다른 동물에 비해 사랑과 공감의 능력을 월등하게 키워왔다. 약 1억 8천만 년 전 초기 포유류가, 3천만 년 전 조류가 등장했다. 낳기만 하고 새끼를 전혀 돌보지 않는 양서류와 파충류에 비해, 조류와 포유류는 한 걸음 더 진화하여 새끼가 성장할 때까지 먹이를 주고 돌보는 능력을 갖추었다.

이후 포유류의 뇌에는 파충류에는 존재하지 않던 좋은 파트너를 결정하는 법, 먹이를 나누는 법, 새끼를 돌보는 법에 대한 신경 회로가 형성되었다. 그 후 약 8백만 년 전에는 사회성 기능까지 추가되었다. 그리고 유인원의 조상이 등장하면서, 사회를 이루는 능력을 갖추게 되었다. 예를 들어 서로의 털을 열심히 쓰다듬고 만지고 벌레를 잡아주는 행동을 하기 시작한 것이다.

　유인원의 향상된 사회성은 새끼를 낳은 후 성장할 때까지 돌봄으로써 생존 가능성을 높여주었다. 또한 이 능력은 적자생존의 주요 무기가 되어 후대에 전수되었다. 이런 유인원들이 지닌 발달된 뉴런그룹이 방추세포spindle cell이며, 이 세포군은 사회성 관련 회로가 존재하는 대상회와 뇌섬엽insula에서 많이 발견된다. 이는 다른 유인원은 갖지 못한 뉴런군이다. 현대까지 살아남은 이 유인원들은 무리에 지도자가 있고, 사회 체계를 갖추고 있고, 서로를 위로하는 행동을 할 줄 알고, 눈물도 흘릴 줄 안다. 힘도 중요하지만 위로할 수 있는 능력을 갖추고 있는 것이다.

　사회적 지능이 진화 과정에서 왜 그렇게 강조되었을까? 사회성이 중요해진 것은 그만큼 척박한 환경 속에서 협동 작업과 좋은 팀워크가 생존에 훨씬 유리했기 때문이다. 사실 인간이 이룩해 놓은 거대한 문명과 문화는 사회성에 바탕을 둔 협동과 상호의존 덕분이다. 그것을 잃어버리면 인간은 멸망하고 만다.

　사회성이 진화되면서 인간에게는 이타심, 관대함, 평판에 대한 걱정과 관심, 공정성, 용서, 도덕, 종교적 심성 등 발달된 심성을 주관하는 뇌의 기능적 구조물이 형성되었다. 그리고 이렇게 사회성을 증진시키는 뇌 구조는 바로 뇌의 공감회로 구조와 동일한 것으로 밝혀졌다.

{ 공감회로를 만들어라 }

인간을 다른 동물과 달리 진정한 사회적 존재로 기능할 수 있게 해주는 것이 공감회로다. 공감이 없는 사회는 개미나 꿀벌의 사회처럼 개인이 외로운 일벌레로 존재하는 사회다. 하지만 공감회로가 작용하기에 인간은 따뜻한 가정을 이루어 개인과 사회가 함께 발전해 나갈 수 있다. 이 공감회로를 구성하는 것은 세 가지 종류의 신경회로다.

첫째, 행동을 모방하는 회로다. 다른 사람의 움직임을 관찰할 때, 뇌의 감각 운동을 담당하는 신경회로는 실제로 몸을 움직이지 않아도 움직이는 것과 똑같이 활성화된다. 타인의 동작 경험을 내가 인지할 수 있도록 하는 이 회로를 '거울신경회로'라고 한다.

둘째, 감정에 반응하는 회로다. 공포나 분노 같은 강한 감정을 경험할 때 뇌도와 편도핵, 그리고 이 부위와 연결되어 있는 신경회로가 활성화된다. 이 회로는 다른 사람들이 비슷한 감정을 경험하는 것을 지켜보는 것만으로도 활성화된다. 특히 가족이나 친구같이 나와 밀접한 관계에 있는 사람들이 경험하는 감정 상태를 함께 느낄 때 강하게 활성화된다. 타인의 감정을 공감하는 정도가 높을수록, 그리고 그 감정을 자각할수록 더 강하게 반응한다.

셋째, 타인의 생각을 이해하는 회로다. 이 회로는 다른 사람의 의도와 생각을 이해하는 '마음 이론'과 연관된다. 이 회로는 주로 전전두엽과 측두엽 간의 연결망으로 이루어져 있고, 진화 과정에서 가장 최근에 형성된 것으로 추정된다. 이 회로는 대개 만 3~4세에 발달하기 시작해서 다른 세포에 정보를 전달하는 신경세포의 전도성이 모두 갖춰질 때까지, 즉 뇌의 수초 형성_{myelination}이 완성될 때까지 계속 발달하는 것으로 알려져 있다. 이것이 완성되는 시기는 놀랍게도 20대 초반이다. 따라서 20대 초반까지는 누구나 공감 능력을 개발할 여지가 남아 있다고 할 수 있다.

{ 공감회로를 활성화하는 5가지 방법 }

그러면 공감회로들을 어떻게 하면 보다 활성화시킬 수 있을까? 그 구체적인 방법은 다섯 가지로 정리할 수 있다.

첫째, 아이에게 공감하기 위해 의식적으로 노력하자. 예를 들면 아이가 말을 듣지 않을 때 아이와 공감하면서 대화하는 시간을 가져보자. 이때 주의할 것은 비난하지 않는 태도로, 아이에게 어떤 어려움이 있는지를 먼저 생각해 봐야 한다. 이렇게 생각을 다르게 하는 것만으로도 전전두엽이 활성화되어 아이의 상황에 주의를 기울이는 데 도움이 된다. 또한 아이와 대화를 하기 전부터 아이의 의도에 집중하고, 공감 관련 회로들이 활성화될 수 있도록 준비시킨다.

그리고 몸과 마음을 이완시켜 아이를 향해 열린 상태로 만들어, 아이의 모든 것을 받아들이겠다는 마음을 갖자. 오직 아이에게만 집중하고 함께 있어보자. 이는 주의집중을 지속적으로 유지할 수 있는 지속주의력을 활용하는 것이다. 이런 마음이 아이에게 전달되면, 아이는 부모에게 감사한 마음을 갖게 될 것이다. 이것이 공감이 주는 선물이다. 지속적인 집중을 하려고 하면 감정의 뇌와 이성의 뇌를 조절하는 대상회가 활성화되어 아이에 대한 집중력을 높여준다.

둘째, 아이의 움직임에 주목하자. 아이의 행동과 자세, 표정을 집중해서 살펴보자. 이 방법의 핵심은 뇌의 거울신경회로를 활성화시켜 아이의 움직임을 미러링miroring 하는 것이다. 이때 아이의 상태를 분석하지 말고 느껴야 함을 명심하자. 그리고 가능하다면 부모도 아이의 동작을 상상으로 따라 해보라. 아이의 몸짓과 표정을 따라 할 때 어떤 느낌이 드는지도 상상해 보자.

아이의 모든 것을 느끼기 위해서는 부모 자신의 내부로 들어가 봐야 한다. 이를 위해서는 먼저 스스로의 호흡과 감정, 움직임을 느껴보자. 이렇게 하면 사회성을 담당하는 뇌가 자극을 받아 타인의 감정을 느끼게 해준다. 그런 다음 아이의 얼굴과 눈을 주의 깊게 살펴보자. 핵심 감정은 얼굴 표정과 눈빛을 통해 드러나게 되어 있다. 타인의 감정에 함께 공명하도록 당신의 몸과 마음을 활짝 열어보

자. 그리고 계속 그렇게 이완된 상태를 한동안 유지하라.

셋째, 아이의 생각을 따라가 보자. 적극적으로 아이의 내면에 무엇이 진행되고 있는지를 상상해 보라. 이때 내가 이미 알고 있는 것, 예를 들어 아이의 어린 시절과 기질, 성격, 최근의 일들, 당신과의 관계 등을 모두 고려해야 한다. 이런 것들이 아이에게 어떤 영향을 미칠지 생각해 본 뒤 다음과 같은 질문을 스스로에게 던져보자.

'아이가 어떤 것을 마음 깊이 느끼고 있을까?', '아이에게는 무엇이 가장 중요할까?', '아이가 내게 가장 바라는 것은 무엇일까?' 이런 질문에 대해 성급하게 결론을 내리지 말고 호기심을 갖고 아이의 생각을 따라가 보자.

넷째, 당신이 아이에게 느낀 것을 확인해 보자. 당신의 느낌과 생각을 아이에게 중간중간 질문하자. 아이에 대한 당신의 공감이 올바른 방향으로 가고 있는지를 알아보라.

"네가 지금 느끼고 있는 게 ____ 것 같은데, 맞니?"

"잘은 모르겠지만 ____ 라고 생각하는데, 그렇지 않니?"

"그 말은 네가 ____ 로 고민하고 있다는 것으로 들리네."

다시 말하지만 이때 아이를 비난하거나 혼내려는 태도로 질문하면 안 된다. 그렇다고 해서 아이의 모든 말에 전적으로 동의하라는 것은 아니다. 충분히 공감하면서도 부모의 의견을 얘기할 수 있다. 공감과 주장을 구분하면 된다. 예를 들어 당신이 아빠라면, 이런 대화도 가능할 것이다.

"네 얘기를 들어보니 지난번 시험 성적이 좋지 않아서 힘들 때 아빠가 시험 결과만 보고 너를 야단친 것 같아 미안하구나. 아빠가 우리 아들(딸)의 심정을 더 잘 이해하려고 해야 했는데 그러지 못했어. 그래도 우리 아들(딸)이 그 힘든 시간을 잘 견디고 지금은 성적뿐만 아니라 성격도 아주 밝아져서 얼마나 기쁜지 모른단다. 아빠도 이제 우리 아들(딸)의 마음을 먼저 헤아려보고 말할게."

다섯째, 당신도 아이에게 공감을 받자. 부모로서 당신도 공감 받을 권리가 있다. 당신이 원하는 것은 동의가 아니라 아이가 '부모 마음을 알아주는 것'이라고 말하자. 부모가 마음을 활짝 열고 아이에게 정직하게 대할수록 더욱 많은 공감을 받을 것이다. 아이도 어느 정도 성장하면 부모의 마음을 다소 헤아려줄 수 있다. 아이에게서 진솔한 위로의 말을 들을 때 세상을 다 얻은 기분이 드는 것은 모든 부모의 마음이 아닌가!

이처럼 부모가 주는 건강한 공감 자극이 아이들의 행복에 가장 중요한 요소인 공감회로를 발달시킨다. 그리고 태교를 통해서도 공감 능력을 키울 수 있다. 엄마가 배 속에 있는 아이에게 관심과 애정어린 얘기를 들려주면, 아이의 공감회로 성장에 큰 도움을 줄 것이다. 따라서 가급적이면 아기에게 많은 얘기를 들려주고, 아이가 엄마의 배를 힘껏 찰 때 즐겁게 반응해 주어라. 아빠의 참여도 중요하다. 아기가 엄마의 배를 발로 찰 때 얼굴을 대고 아빠만의 얘기를 들려주자.

19
착함에
끌리는 이유

'도덕성' 하면 학창시절 윤리 시간이 떠오르는 사람이 많을 것이다. 도덕과 행복의 관계에 대해서는 오해도 많은데, 도덕과 행복을 공존하기 힘든 상극인 것처럼 보는 시각도 그중 하나다. 실제로 요즘에는 도덕을 불필요한 구시대의 유물로 취급하고, 그 올가미에서 벗어나 자유로워져야 행복에 더 가까이 갈 수 있다고 믿는 사람이 많아진 것 같다.

1960년대 미국에서 도덕이나 윤리를 자유로운 인간을 통제하기 위한 고도의 이데올로기라고 비난하던 사람들은 '히피'가 되어 자신들의 욕구를 행동으로 표현했지만 결국 마약, 알코올에 중독되거나 성애적 욕망에 빠져 자기 파괴적인 삶을 살았다.

도대체 왜 어떤 이의 욕구는 도덕적인 반면에 어떤 이의 욕구는 파괴적일까? 그렇다면 아이의 행복과 도덕성 발달은 어떤 관계가 있을까?

{ 도덕적인 아이가 행복하다 }

신문이나 TV 등의 언론매체에서 보도되는 끔찍한 살인, 강도, 강간 등의 사건 소식만을 보면 우리 사회가 붕괴 직전 상태라고 느낄 것이다. 그러나 잘 드러나지 않아서 그렇지, 많은 사람들이 인간미 넘치는 따뜻한 마음으로 다양한 분야에서 자원봉사를 하고, 자신의 재산을 어려운 사람이나 학교에 기부하며, 혈액과 장기를 기증하는 등의 선행을 실천하고 있다.

이런 도덕적 욕구의 발현은 어떻게 이루어질까? 신생아 때부터 성인이 될 때까지의 발달과정을 연구하는 발달심리학과 소아정신의학계에서는 인간의 도덕성의 기원을 찾는 연구들을 현재 활발하게 진행하고 있다.

최근에 한 정신의학자는 태어난 지 6개월밖에 되지 않은 아기들을 대상으로 인형을 활용한 작은 연극 공연을 했다. 이 인형극에는 각각 다른 사람을 돕는 선한 캐릭터, 선하지도 악하지도 않은 중립적 캐릭터, 다른 사람을 넘어뜨리는 나쁜 캐릭터가 등장한다. 아기들은 오래 집중할 수 없는 인지적인 제한이 있으므로, 한 번에 두 개의 캐릭터만을 보여주고 어느 쪽 캐릭터로 기어가는지를 관찰해 보았다.

그 결과, 나쁜 캐릭터보다는 중립적 캐릭터 쪽으로, 중립적 캐릭터보다는 선한 캐릭터 쪽으로 기어갔다. 태어난 지 불과 6개월밖에 되지 않은 아기들도 선한 캐릭터를 선호하고 모델링하려는 성향을 보인 것이다.

연구진은 더욱 월령을 낮추어 태어난 지 3개월 된 아기들에게도 같은 연극을 공연해 보았다. 태어난 지 3개월 된 아기들에게는 기어 다니는 것도 힘이 드는 일이므로, '쳐다보는 반응 looking response'을 기준으로 하여 선호도를 조사하였다. 결과는 태어난 지 6개월 된 아기들을 대상으로 한 실험과 동일했다. 선한 쪽을 쳐다보는 반응을 보인 아기들이 훨씬 많았던 것이다.

이 실험에서도 알 수 있듯이 태어난 지 3~6개월밖에 안 된 아기들은 자신과 직접 관련이 없더라도 선한 상호작용을 하는 인물을 선호했다. 또한 부모의 양육이 개입할 시간적 여지가 매우 적은 영아들, 심지어 태어난 지 3개월 이하인 아기들에게서도 동일한 실험 결과가 나왔다. 선한 상호작용에 대한 선호, 이것이 바로 인간의 도덕적 판단과 행동의 기초가 된다고 할 수 있다.

그 외에 영유아 연구들을 종합하면 친절함, 도덕심, 선한 행동은 문화나 양육 조건에 영향을 받기는 하지만 이미 출생 때부터 갖고 태어난 생물학적 요소가 강하게 존재한다고 할 수 있다.

선한 행동과 관련된 뇌 회로는 '애착회로'이다. 애착회로의 작용으로 선한 행동과 친절한 행동은 이후 배우자를 사랑하고 자식을 돌보며, 양육하고 사랑해 주는 무조건적인 사랑의 토대가 된다. 따라서 인간으로 태어나 느낄 수 있는 최고의 행복과 관련된 회로가 바로 애착회로라고 할 수 있다. 이 회로와 관련되는 물질은 옥시토신과 바소프레신 같은 신경조절물질들이다.

이와 같이 인간은 선함과 친절함을 타고난 존재로서, 뇌의 애착회로와 도덕적 기질을 바탕으로 자손을 낳고 키우며 유전적인 전달을 끊임없이 해왔다고 할 수 있다. 그러한 유전적 연결 고리가 태어나서부터 선한 것에 관심을 보이는 영유아의 행동을 가능하게 한 것이다.

{ 집단따돌림 현상과 사이코패스 }

미국과 유럽의 경우 안락사에 대한 판단은 다소 모호하다. 환자에게 직접 치사량의 모르핀을 주사하는 적극적인 안락사에 대해서는 엄하게 금지하고 있지만, 회생 가능성이 없는 말기 환자의 신장 투석 장치를 제거하여 서서히 사망에 이르게 하는 소극적 안락사에 대해서는 허용하는 분위기다. 이로 인해 도덕적 비난이 일어나기도 하는데, 사인에 대해 직접적으로 원인을 제공했느냐 그렇지 않느냐에 따라 비난의 강도가 달라지는 것으로 나타났다.

학교에서 발생하는 집단 따돌림의 경우에도 도덕적 비난의 정도가 달라진다. 직접 주도하여 따돌림을 부추긴 아이는 강한 비난을 받지만, 방관하는 아이들은 상대적으로 덜한 비난을 받는다. 실제로는 주동자보다는 방관하는 아이들로 인해 따돌림이 지속되고 악화되는데도 말이다. 최근에는 이런 문제를 해결하기 위해 따돌림에 대한 방관도 직접적인 부추김만큼이나 피해자에게는 해롭다는 것을 알려주기 위한 프로그램이 많이 시행되고 있다.

최근 흥미로운 연구 결과가 발표되었다. 도덕적 판단과 연관된 뇌의 영역을 알아보기 위해 시행된 MRI(기능적 자기공명영상) 검사 결과, 직접적인 행동에 대한 잘못 여부를 판단하는 뇌의 영역에 비해서 '방관, 수동적 지지' 등 소극적 찬성에 대한 도덕적 판단을 담당하는 뇌 영역이 훨씬 더 넓게 활성화되는 것으로 밝혀졌다. 그리고 뇌의 전 영역이 활발하게 작용하는 사람들이 잘못된 행동에 대해 방관하거나 수동적으로 지지하는 부적절한 행위에 대해 더욱 분명한 도덕적 판단(잘못된 행동이라고 지적함)을 내렸다. 이는 '방관이나 수동적 지지'와 같은 모호한 도덕적 판단이 인간에게 훨씬 더 어려운 과제이며, 뇌의 더 많은 활동을 요구한다는 것을 의미한다.

도덕적 결함과 관련하여 한 가지 더 얘기하고 싶은 것이 있다. 요즘 들어 우리 사회 전체를 위협하는 사람들이 나타나기 시작했다. 그들은 도덕적 판단에 결함이 있는 사람들로서 반사회적 인격 장애 성향을 띠는데, 의학계에서는 이들을 '사이코패스'라고 한다. 이들이 사회적으로 미치는 파장이 매우 심각하므로, 의학계뿐만 아니라 다양한 분야에서 사이코패스에 대한 연구에 박차를 가하고 있다.

지금까지 밝혀진 연구 결과에 의하면 사이코패스는 전전두엽 손상과 연관이 있다. 전전두엽이 파괴되거나 발달 장애가 생긴 경우, 도덕적 판단력에 손상이 오기 쉽다는 것이 밝혀진 것이다. 또한 범죄자나 환자가 아닌 일반인도 사이코패스 성향이 높은 경우에는 뇌의 활성 패턴이 사이코패스 성향이 낮은 사람들과는 차이가 있었다.

도덕적인 결함이 있는 사람의 뇌는 일반인과 다른 원리에 의해서 작동되므로 타인의 감정을 이해하고 진심으로 느끼는 능력이 결여되어 있다. 이로 보건대 도덕적 판단이나 행동은 뇌의 기능적 특성에 의해서 매우 크게 좌우된다고 할 수 있다. 물론 어떤 사람이 잘못된 환경에 지속적으로 노출되면 정상적인 뇌에서 사이코패스의 뇌로 변형될 수 있다.

이유야 어찌 되었든 결론적으로 보자면 타인에 대한 동정심과 사랑을 갖지 못하는 사이코패스는 뇌에 기능적 결함으로 발생하는 것으로 볼 수 있다. 왜냐하면 도덕적 행동과 반도덕적 행동 모두 단순히 문화적, 교육적 영향만으로는 설명되지 않기 때문이다. 도덕은 인간의 역사와 함께해 온 변하지 않는 영원한 가치들 중 하나이고, 오랜 진화 과정을 거쳐 인간을 사회적 존재로 살 수 있도록 발달시켜왔다. 따라서 진화론적으로도 사이코패스는 퇴보한 인간으로밖에 볼 수 없다. 이런 사람들이 계속해서 증가한다면 인류의 미래는 어떻게 될지 아무도 모른다.

그러나 도덕에 대한 뇌과학을 포함한 과학적 지식이 발달함에 따라 사이코패스를 치료할 수 있는 뇌 의학적 방법을 찾아낼 것이라는 기대도 커지고 있다. 더 나아가 뇌 의학적 성과를 통하여 자녀의 도덕성도 높여줄 수 있을 날이 머지않았다는 생각이 든다. 여기서 뇌 의학적 치료법과 성과란, 사이코패스의 경우 우선 약물치료나 뇌 자극술 등의 직접적인 치료를 말하는 것이고, 일반인의 경우 대화, 운동, 교육 등의 자극을 통해 도덕적 욕구를 함양시키는 것을 말한다.

세상 사람들이 마음껏 자신의 욕구를 표출하더라도 그것이 도덕성이 바탕을 두고 있어 서로를 돕는 방향으로 살아갈 수 있는 것이라면 얼마나 아름다울까? 이것은 나만의 망상일까? 이러한 도덕적 사고에 대한 과학적 연구를 통해 서로 믿고 의지할 수 있는 행복한 사회로 만들어갈 수 있기를 기대해 본다.

다시 말하지만 도덕은 우리를 구속하는 올가미가 아니다. 인류가 지구 상에서 살아온 1백만 년 동안 정제되어 온 마음의 놀라운 자질이자 우리 사회를 발전시킬 수 있는 귀한 자산이다. 따라서 도덕적인 판단 능력이 뛰어난 아이로 키울 수 있다면, 이는 아이의 행복뿐만 아니라 사회를 발전시키는 원동력이 될 수 있다. 이것이 바로 자녀 양육의 궁극적인 목표가 될 수 있지 않을까?

20

행복을
저당 잡힌 아이들

이 책을 쓰면서 가능하면 부정적인 질환이나 병에 대한 내용은 강조하지 않으려고 했다. 그 이유는 행복을 위한 노력 자체가 병적인 부분에 대한 예방적 측면을 갖고 있다고 생각했기 때문이다. 하지만 아이들에게 정말 흔하게 발생하고, 행복을 가로막는 문제들은 다루지 않을 수 없다. 그중 하나가 우울증이고, 다른 하나가 게임 중독이다.

우울증이 여자아이들에게서 주로 많이 생기는 문제라면(물론 남자아이들에게도 우울증이 생기지만, 발병 비율을 따지자면 여자아이들이 높다), 게임 중독은 남자아이들에게 압도적으로 많이 나타나는 문제다.

게임 중독에 관하여 얘기를 하려고 하니 지난 몇 년간의 일들이 떠오른다. 그동안 국가청소년위원회의 인터넷중독분과, 보건복지부의 아동청소년정신건강분과, 서울시 소아청소년정신보건센터의 센터장을 맡아 활동하는 동안 게임 중독 문제가 늘 화두처럼 나를 붙잡았다.

국내 전문가들과 함께 게임 중독에 대해서 수많은 문제 제기와 대안을 제시했다. 게임 중독을 치료하기 위해서는 중독을 일으키는 질환인 ADHD를 먼저 치료해야 한다는 사실을 알리기 위해 동분서주하기도 했다. 하지만 그렇게 노력했는데도 자괴감을 느끼는 것은 이런 노력으로 얼마나 문제를 해결했고 예방할 수 있었는가 하는 것 때문이다.

초등학교 저학년까지 잘 지내던 남학생들 중에는 초등학교 고학년이나 중학교에 올라가면서 게임에 시간과 노력을 탕진하는 경우가 비일비재하다. 인터넷 게임으로 인해 남자아이들의 학습 능력이 여자아이들에 비해 떨어지고 있다는 이야기를 접하면서 '그게 정말 사실일까?'라는 생각이 들어 마음이 씁쓸해진다.

사실 게임은 취미활동이다. 그것은 개인의 선택이다. 그 자유를 법으로 막을 수는 없다. 그런 대전제하에 개인이 올바른 선택을 하도록 도와주려는 노력이 필요하다. 그리고 다른 한편으로는 심각한 중독에 빠진 아이들에게는 도움의 손길을 내밀어야 한다. 게임 문제가 중독으로 발전된 아이들에게 치료적 지원이나 도움 없이 스스로 알아서 헤쳐나오라고 얘기하는 것은 방임이고 무책임이다.

심각한 게임 중독으로 고통받는 아이들은 도박 중독으로 고통받는 어른들과 매우 유사하다. 스스로의 힘으로 해결하지 못하기 때문에 중독인 것이다. 나는 방금 '고통받는'이라는 표현을 썼다. 어떤 사람들은 이 말을 의아하게 생각할지도 모른다. 신나게 게임하는 아이를 고통받는다고 표현하는 것은 잘못된 것이 아닌가 하고 생각할 수 있다. 그러나 다음의 예를 보면 아이들이 게임 중독을 통해 얼마나 고통받는지 이해가 될 것이다.

{ 게임 때문에 칼을 든 아이 }

철수(가명)는 초등학교 6학년이다. 외아들로 자란 철수가 학교생활에 어려움을 느낀 것은 초등학교 2학년 무렵이라고 한다. 자기중심적이고 충동적인 철수는 친구들과 사귀는 것이 늘 힘들다고 말해왔다. 3학년 무렵부터는 노골적으로 따돌림을 당했다. 같은 반 남자아이들 여러 명에게 맞고 오는 경우도 빈번해졌다. 학습에 대한 자신감도 낮았고, 쉽게 싫증을 냈고, 4학년 때부터는 책 보는 것 자체에 거부감을 드러냈다.

유복한 환경에서 아이에게 정성을 쏟고 있던 철수의 부모는 어떤 도움을 줘야 할지 점점 난감해졌다. 게임을 시작한 것은 4학년 겨울방학 때라고 한다. 처음에는 간단히 혼자 할 수 있는 온라인 게임을 하다가 점점 멀티유저 온라인 게임으로 옮겨갔다. 게임 커뮤니티 활동에도 적극적이었는데, '그곳에 가면 나를 무시하는 애들도 없고, 게임을 잘한다고 칭찬하는 사람들이 많다'는 게 그 이유였다. 문제는 게임 시간이 급속하게 늘어난다는 것이었다. 6학년 초부터는 하루에 거의 10시간씩 게임에 매달렸다. 집에서 적극적으로 게임 시간을 통제하자 학교에서 돌아오는 길에 PC방에 들러 밤 늦게 돌아오기 일쑤였다. 또 엄마한테 들키지 않기 위해 PC방 이곳저곳을 옮겨 다니며 게임에 매달렸다.

아이템을 얻어야 게임을 잘할 수 있다면서 몇만 원짜리 아이템을 수시로 사달라고 했고, 거절당하면 엄마에게 욕설을 하기 시작했다. 부모의 신용카드 번호와 주민번호 등을 알아내서 아이템 구입으로 60만 원을 사용한 사실이 나중에 확인되기도 했다. 급기야 6학년 2학기 무렵에는 학교 가는 것에도 조건을 달았다. 좀 더 빠른 컴퓨터로 바꾸어달라는 것, 아이템 구입에 필요한 돈을 달라는 것이었다.

학교에 보내기 위해 철수의 요구를 들어주던 부모는 점점 심해지는 아이의 요구와 욕설에 무력감을 느꼈다. 자신의 요구를 즉각 들어준다고 하지 않으면 바로 가방을 내려놓고 방으로 들어가 버리거나 "다 죽여버리겠어", "학교를 부숴버릴 거야"라는 말도 서슴지 않고 했다. 부모와 몸싸움을 하거나 부모를 때리는 일까지 생겨났다.

엄마는 철수를 여러 차례 타일러보기도 했다. 그러면 철수도 "나도 게임을 좀 줄이고 싶어, 그런데 잘 안 돼. 어떻게 해야 할지 모르겠어. 게임이 내 인생 최고의 낙이야"라며 자신의 고통을 호소하기도 했다. 몇 번이고 게임 시간을 줄이겠다는 약속을 하고 각서를 썼지만 그때뿐이었다. 한밤중에 몰래 일어나 게임을 하는 경우도 많아지고, 심지어는 몰래 집을 나가 PC방에서 날을 새고 아침에 들어오는 경우도 생겼다. 보다 못한 부모가 인터넷전용선을 끊고 PC방 출입을 엄금시켰다. 그날 저녁 철수는 인터넷전용선을 고쳐내라며 유리창을 부수고 가족을 칼로 위협했으며 아파트 베란다에서 떨어져 죽겠다고 부모를 협박하기까지 했다. 119가 출동하는 사태까지 빚어졌고, 결국 응급실에 실려 와 병원에 입원하게 되었다.

어떤가? 위의 예를 보면서 철수네 가족의 고통뿐만 아니라 철수의 처절한 고통도 함께 느꼈으면 한다. 나는 철수를 만나면서 아이의 마음속에 게임이 얼마나 강렬히 자리 잡고 있는가에 놀랐고 게임 때문에 입은 피해가 이렇게나 클 수 있다는 사실에 한번 더 놀랐다.

치료 과정에서 철수가 한 말을 들어보자.

"게임을 못한다는 생각만 해도 불안했어요. 학교에 앉아 있어도 마음은 온통 PC방이나 내 방 컴퓨터 속 게임 화면에 가 있었어요. 게임에서는 내가 왕이에요. 아무도 나를 무시하지 못해요."

"부모님께는 정말 죄송해요. 나를 그렇게 사랑해 주셨는데 제가 배신했어요. 게임 때문이에요. 게임이 정말 미워요. 하지만 솔직히 지금도 당장 접속해서 어떻게 되었는지 알고 싶어요."

철수는 게임 세상에서 자신이 빠져나와 버린 것에 대해서도 죄책감을 표현했다.

"내가 있어야 해요. 내가 빠지면 함께 게임을 했던 모든 사람들에게 피해를 줘요."

재미와 즐거움으로 시작한 게임이 자기 파괴와 죄책감을 남기게 되었다. 가족에 대한 미안함은 이루 말할 수 없으리라.

철수와 같은 경우가 매우 특별한 예가 아니라는 데에 문제의 심각성이 있다. 물론 정도의 차이는 있다. 그러나 아이가 게임에 중독되면 자기 파괴와 죄책감을 남긴다는 측면은 거의 모든 예에서 발견된다. 또한 아이의 가족에게 심각한 긴장감과 위기가 찾아온다는 것도 너무나 공통적이고 일반적인 현상이다.

게임에 중독되었던 아이들에게 들은 슬픈 얘기들을 종합해 보면 흥분할 만큼 정말 재미있게 놀 만한 것이 없었다고 한다. 그래서 지루하고 반복적인 틀을 깨기 위해 게임을 하게 되었고, 자기도 모르게 거기에 몰입하다가 게임에 중독되었다는 것이다.

흥분 뒤에 차분한 마음이 찾아올 때 집중도 더 잘된다는 놀라운 진실을 알고 있는 사람은 많지 않은 것 같다. 일본의 한 유치원에서는 아침 등교 직후, 원장선생님 이하 교사들과 유치원생들이 푹신한 매트가 깔려 있는 방에서 약 10분간 힘껏 뛰어놀고, 소리치고, 맘껏 흥분할 수 있는 시간을 가진다고 한다. 이런 흥분 시간이 끝난 뒤, 아이들은 교사의 지시에 더 잘 따르고 차분해지며 집중을 잘한다고 한다.

이에 대해 뇌과학적 측면에서 간략하게 설명해 보자면 뇌의 흥분성 뉴런과 억제성 뉴런은 서로 상호보완적인 역할을 한다. 흥분성 뉴런이 활성화되고 나면, 그에 대한 보상으로 억제성 뉴런이 활성화되어 뇌는 차분한 모드로 돌입하게 되는 것이다.

아이들의 진정한 행복을 원한다면 게임이 아니라 현실 세계에서의 놀이를 통해 흥분할 수 있게 도와주자. 그러면 자연스럽게 게임 중독에서 벗어나게 될 것이다.

21

검은 불독에
물린 것 같아요

제2차 세계대전 당시 연합군 승리의 주역이자 노벨상을 받기도 했던 영국의 정치가 윈스턴 처칠은 평생 동안 우울증에 시달렸다. 처칠은 자서전에서 주기적으로 심해지는 우울감 때문에 여러 차례 죽을 고비를 넘겼다고 고백했다. 그는 우울증을 자신을 집요하게 물고 늘어져 놓아주지 않는 '검은 불독' 같다고 표현했다. 그만큼 우울증이 그를 끈질기게 괴롭혔다는 말이다.

이렇게 마음속에 어두운 그림자를 드리우는 우울증이 아이들에게도 발생할 수 있다. 정신건강 전문가가 아닌 사람들 중에는 아이들에게 우울증이 생길 수 있다는 사실을 잘 받아들이지 않는다.

하지만 이는 우울증이 인생의 고해를 헤쳐나가며 생기는 피로감 같은 것으로 여기는 사람들의 착각이다.

놀랍게도 '아이들은 우울증을 앓지 않는다'는 주장을 정신의학계의 대가들이 제기했던 적이 있다. 1960~70년대의 이야기다. 그 대가들의 주장은 실제보다는 이론을 근거로 한 것이었다. 그들은 과도한 도덕적 자아에 의해서 외부로 향해야 할 공격성이 내부로 향하여 자기 자신을 공격하고 억누르기 때문에 우울증이 발생하는 것으로 보았다. 그런데 아이들에게는 이런 역할을 할 도덕적 자아가 아직 형성되어 있지 않으므로 우울증 발생이 불가능하다고 주장했다.

한동안 전 세계 정신의학계를 이끌었던 유럽과 미국 등에서도 이런 주장이 그대로 받아들여져 거의 20년간 아이들의 우울증 존재 자체를 부정했다. 그 결과 아이들의 우울증에 관한 연구와 진료는 상당히 뒤처지게 되었다. 하지만 그런 논쟁의 시기에도 실제로 아이들을 만나고 그들을 정확하게 관찰했던 정신의학자들은 '아동기 우울증의 실재'를 주장하며 소아우울증의 원인과 진단, 치료에 관한 연구에 힘써야 한다고 역설했다. 결국 그들은 정신의학계의 주류 학자들이 내세웠던 이론의 허구를 밝혀냈다. 1980년대에 접어들면서 어린이와 청소년에 관한 우울증 연구가 폭발적으로 늘어나기 시작했다.

{ 아이의 우울증이 잘 발견되지 않는 이유 }

그런데 문제는 아이들의 우울증이 정확한 진단을 받기가 어렵다는 데에 있다. 그 이유는 무엇보다도 아이들이 우울증에 걸릴 수 있다는 사실을 우리나라 부모들이 수용하지 못하기 때문이다. 또한 아이들의 우울증은 어른들의 우울증과는 다른 양상을 띠기 때문에 성인만을 상담하거나 치료해 온 정신의학 전문가들조차 소아 우울증의 진단과 치료가 수월하지 않다.

물론 아이들의 우울증이 어른들의 우울증과 유사한 면도 있다. 밝았던 아이가 생기를 잃어버리고는 축 처지고 잠을 잘 못 자며, 긴장을 많이 하고 불안해하고 초조해하며, 좋아하던 일에도 흥미를 보이지 않는 경우가 이에 해당한다. 하지만 아이들의 우울증은 어른들의 우울증과 크게 세 가지 다른 점을 가진다.

첫째, 아이들의 우울증은 어른들의 우울증처럼 계속해서 기분이 처지는 증상을 보이지 않는 경우가 많다. 아이들의 우울증은 기복이 많은 것이 특징이다. 우울감을 보일 때 활동이 줄어들고 기운 없어 보이기도 하지만, 친구와 놀거나 게임 등으로 자극을 받으면 언제 그랬냐는 듯 다시 기운을 얻어 활동적으로 보이는 때가 많다.

이것은 아이들이 가진 특유의 생기발랄함 때문이다. 부모는 그 모습을 보고 오해할 만한 소지가 있다. '저렇게 잘 놀 때도 있는데 무슨 우울증이라는 거야?' 하고 생각하기 쉽다. 그러나 대개 이런 생기의 불꽃이 금방 사그라지고 만다. 그 시간이 지나면 다시 '불안-초조-처짐' 등 우울증의 주된 증상들이 나타난다. 이런 주기적 변화의 폭이 넓고 깊은 아이들 중에는 조울병과 겹치는 경우도 있으므로 특히 주의해야 한다. 아이들의 우울증은 조울병의 전구증상(어떤 병이 본격적으로 발병하기 전에 나타나는 증상)인 경우가 어른들에 비해서 4~5배나 더 높기 때문이다.

둘째, 성인들은 우울증에 걸리면 잠을 잘 이루지 못하고, 잠을 자도 자주 깨고 선잠을 자거나 꿈을 많이 꾸게 되지만 아이들, 특히 청소년은 그 반대의 경우가 많다. 잠이 너무 많아져서 낮에도 계속 조는 경우가 대부분이다. 그래서 우울증에 빠진 아이들이 게으른 아이로 오인받는 경우가 많다. 또한 식욕의 변화도 성인과 반대로 나타나는 경우가 많다. 우울증이 있는 아이들은 폭식 또는 대식을 하는 경우가 많다. 이 점은 식욕 감퇴와 체중 감소가 흔하게 나타나는 성인들의 우울증과 큰 차이점이라고 할 수 있다. 실제 우울증으로 체중이 급격하게 불어나는 청소년이 꽤 있다.

셋째, 성인과 달리 아이들의 우울증이 제대로 발견되지 않는 이유는 유치원생이나 초등학생, 심지어 청소년들조차 아직 자신의 마음 상태를 말로 표현하는 데에 어려움이 있기 때문이다. "나 정말 우울해, 슬퍼"라고 자신의 감정을 정확하게 표현하지 않고, 평소에 하지 않던 이상한 행동을 통해 감정을 표출하는 경우가 많디. 그래서 이를 '가려진 우울증', '가면을 쓴 우울증'이라고도 한다. 우울한 감정을 제대로 호소하지 못하고 전혀 다른 방향으로 우울증 증상을 표현하기 때문에 붙여진 별명이다.

우울증은 아이와 가족의 행복에 어두운 그림자를 드리우는 질환임이 확실하다. 그러나 우울증은 극복하고 치료할 수 있는 질환이기도 하다. 우울증을 앓고 나면 더 성숙해지고 부모와 자녀와의 관계도 더 따뜻해지고 친밀해지는 경우도 많다. 단 한 가지 주의할 점은 아이들이 너무 부모에게 의존하게 되면 좋지 않다는 것이다. 아이의 독립심과 선택권은 늘 격려해 줘야 한다.

행복 근육을
튼튼하게 해주는 스킨십

신체 접촉이 아이들의 발달에 절대적으로 중요하다는 것을 보여주는 몇 가지 연구 결과가 있다. 먼저 해리 할로우Harry Harlow 박사의 원숭이를 대상으로 한 실험이다. 이 실험은 요즘이라면 불가능할 수도 있다. 동물보호단체에서 이런 실험을 하도록 놔둘 리가 없고, 근본적으로 대학의 동물연구 윤리위원회에서 통과되는 것도 불가능할 것이다.

할로우 박사의 신체 접촉에 대한 실험은 매우 잔인하다. 태어난 지 얼마 되지 않는 새끼 원숭이를 강제로 어미 원숭이와 떼어놓고, 두 종류의 대리모를 만들어서 새끼 원숭이에게 붙여준다. 한쪽 대리모는 철사로 만들어졌는데 새끼 원숭이가 젖을 빨면 우유가 나오도록 설계되었다. 다른 쪽 대리모는 우유 공급이 되지 않지만, 부드러운 천으로 만들어져 있다.

새끼 원숭이는 어느 쪽을 선택했을까? 부드러운 천으로 만들어진 대리모를 선택했다. 특히 새끼 원숭이를 깜짝 놀라게 할 만큼 강한 스트레스를 주었을 때는 천으로 만든 대리모에게 매달리는 시간이 더욱 늘어났다. 낯선 방으로 데려갔을 때도, 천으로 만든 대리모에게 매달려 있다가 서서히 주변을 탐색하는 모습을 보였다. 우유를 제공하는 철사로 만든 대리모에게는 젖꼭지를 빠는 몇 분 동안만 매달려 있을 뿐 그 외의 시간에는 완전히 무관심했다. 이 실험은 엄마와 아기의 유대관계에서 음식(젖)보다 신체 접촉이 더 중요하다는 것을 말해준다.

해리 할로우 박사는 이 실험 결과를 정리하면서 '접촉이 주는 안정contact comfort'이 아동의 발달에 대단히 중요하다는 이론으로 발전시켜나갔다. 할로우 박사는 이후 약간 다른 각도에서 신체 접촉에 대한 실험을 진행했다. 그는 먼저 원숭이들을 두 군으로 나누었다. 그리고 한 그룹에는 철사 대리모를 제공하고, 다른 그룹에는 천 대리모를 제공하였다. 먹이는 따로 주었다. 수개월 후, 철사 대리를 제공하였던 원숭이 그룹에서는 심한 설사병이 빈발했고, 같은 양의 먹이를 제공했음에도 심각한 체중 미달 상태가 계속되었다. 이 실험을 통해 접촉이 주는 안정이 없을 때 신체적인 질환, 특히 스트레스성 질환에 매우 취약해진다는 것이 확인되었다. 원숭이들의 잦은 설사는 인간으로 보자면 과민성대장증후군에 해당한다.

해리 할로우 박사 연구팀은 여기서 한발 더 나아가 오랜 시간 동안 모성 박탈을 시키면서 모든 사회적 자극으로부터 고립된 상태에서 원숭이들의 변화를 관찰했다. 어떤 원숭이는 무려 15년간을 완전한 고립 상태에 둔 경우도 있었다고 한다.

실험 결과는 끔찍했다. 새끼 원숭이는 생후 6개월만 모성 박탈과 고립을 경험해도 매우 오랫동안 불안·위축 상태에서 회복되지 못했다. 새끼 원숭이에게는 너무도 잔인한 실험이었지만, 이 일련의 실험을 통해 신체적 접촉과 모성 접촉이 아이의 정서적 안정과 사회성 발달에 얼마나 중요한지를 확인할 수 있었다. 할로우 박사는 이 실험으로 권위 있는 과학상을 여러 차례 수상했다.

불행하게도 인간을 대상으로 한 실험도 진행된 적이 있다. 13세기, 독일의 황제 프레드릭 2세는 아이가 아무 말도 듣지 못한 채 자라게 되면 어떤 언어를 구사하거나 반응을 보이게 될지 궁금했다.

그래서 그는 여러 명의 아이들에게 먹이기만 하고 사람들로 하여금 만지지도, 껴안지도, 말을 건네지도 못하게 했다. 아이들은 결국 말 한마디도 할 수 없었고 말을 할 나이가 될 때쯤 대부분 사망

했다. 정말 끔찍한 실험이었다. 이로써 신체적 접촉이 생명 유지에 있어 매우 중요하다는 것이 분명해졌다. 당시 역사학자였던 살림베네는 1248년에 있었던 이 실험에 대해 다음과 같은 글을 남겼다고 한다.

"아기들은 따뜻한 손길 없이 살아갈 수 없다."

1950년대에 비엔나 출신의 스피츠 박사는 병원에 장기 입원하거나 고아원에 입소한 아이들에게서 성장 지연, 잦은 감염, 음식 회피 같은 우울증 증세가 자주 발생한다는 것을 발견했다. 이 아이들에게 가장 부족했던 것은 누군가(꼭 어머니가 아니어도 된다)와의 따뜻한 신체적 접촉이었다. 특히 보모 한 명당 돌보는 아이가 너무 많아서 포옹이나 쓰다듬기 등 짧은 스킨십조차 없는 경우에 가장 심각한 증상을 보였다. 관찰 결과 6개월 이내에 아이를 개별적으로 돌볼 수 있는 환경으로 보내진 경우에는 다행히 회복되었지만, 장기간 신체 접촉이 결핍되었던 아이들은 저신장, 질병 감염으로 인한 사망 등 심각한 결과를 가져왔다.

20세기 후반 루마니아에서는 이런 일이 벌어졌다. 오랜 내전으로 인해 수천 명의 아이들이 한꺼번에 창고에 수용되어 따뜻한 돌봄의 손길도 받지 못한 채 길러진 것이다. 많은 아이들이 발달 지연을 보였고, 심리적으로 위축되어 있었다. 그중 일부 아이들의 뇌 기능을 PET(양전자 단층촬영) 검사로 확인했을 때, 뇌 전체에 걸쳐 뚜렷하게 활동 감소가 관찰되었다. 뇌 발달에 심각한 지연이 발생했던 것이다.

스피츠의 고아원이나 루마니아 아동 수용소 아이들과 같은 심각한 결핍 상태까지는 아니더라도, 사랑과 애정적 접촉이 부족하면 아이의 변연계(감정의 뇌) 신경망이 위축될 수 있다. 변연계 신경망이 위축되면 좋은 기분을 느끼는 정서적 능력이 망가지며, 긍정적인 판단을 하는 데에 필요한 에너지를 공급받지 못한다. 그 결과 사랑, 신뢰, 자신감 같은 기본적인 대인관계 형성에 필요한 낙관적 태도를 갖추지 못하게 된다.

이런 아이들에게 세상은 따뜻하고 편안한 곳이 아니라 외롭고 황량하며 적대적인 곳일 뿐이다. 그래서 외로움과 불안정감을 자주 느끼게 되며 짜증이 많아지고, 정서 반응이 위축된 아이로 자라 청소년기 이후에는 우울증의 발생 비율이 현저하게 높아진다. 실제로 우울증 발병이 잦은 그룹의 경우 변연계를 이루는 뇌 구조의 크기가 감소되어 있는 것으로 확인되었다.

신체 접촉이 아동과 청소년기 아이들의 여러 분야의 발달에 긍정적인 역할을 한다는 연구도 꾸준히 발표되었다. 이 연구를 종합해 보면 신체 접촉은 초기 사회성 발달과 스트레스의 관리, 삶에 대한 낙관적 태도에도 도움이 된다. 아동기의 신체 접촉이 성인이 된 후 연애와 결혼을 하는 데 매우 밀접한 관계가 있다는 주장도 제기

되었다. 부모의 따뜻한 신체 접촉을 많이 받은 아이들은 친구나 애인, 배우자 등과 더 적극적인 사랑을 나눌 수 있는 사람으로 성장한다는 것이다. 즉 사랑의 능력은 어린 시절의 신체 접촉 경험(만지는 것, 간지럼 태우기, 체취 맡기 등)을 통해서 형성된다고 한다.

어린 시절 어른들이 부드럽게 쓰다듬어주는 것만으로도 얼마나 위안을 받고 마음이 편해졌는지를 떠올려 보자. 초등학교와 중학교 때 나를 자랑스럽게 여겨주셨던 선생님들은 자주 내 머리를 쓰다듬어주었다. 그 장면이 아직도 생생하다. 세상살이에 힘들 때나 위축되었을 때, 내 머리를 쓰다듬으며 해주셨던 당시의 격려와 응원이 그리울 때가 많다.

우리의 뇌에서 논리적 사고와 체계적 행동을 담당하는 부위는 전전두엽이지만, 어떤 일을 할 수 있는 동기와 에너지를 불어넣어 주는 것은 변연계다. 변연계를 통해 발생한 긍정적인 힘은 아이들에게 삶의 에너지와 함께 새로운 동기와 하고 싶다는 의욕을 불어넣어 준다. 전두엽의 의지력과 변연계의 정서적 힘이 결합될 때, 아이의 마음에는 어떤 일을 하고자 하는 강력한 동기가 부여된다. 긍정적인 정서 자극은 실패와 좌절을 딛고 일어서는 힘을 준다. 따라서 아이가 실패하여 좌절하고 있다면, 먼저 부드럽게 안아주면서 "수고했어", "힘들었지?", "최선을 다했으니까 괜찮아" 등의 위로의 말을 해주자.

우리를 포함한 동양권 부모들은 서양의 부모들보다 자녀와의 신체 접촉을 어색해하는 경우가 많다. 문화적 차이 때문이다. 어릴 때는 잘하다가도 아이가 초등학교 고학년이나 중학생이 되고 나면 힘들어한다. 하지만 청소년기에도 부드러운 접촉은 꼭 필요하다. 동성의 부모만이 아니라 이성의 부모도 마찬가지로 신체적 접촉을 해줘야 한다.

아이에게 힘을 불어넣어 주고 싶을 때 손을 잡아주고, 어깨를 감싸주자. 그리고 가벼운 포옹도 해주자. 힘든 일 때문에 좌절하고 있다면 따뜻한 격려의 말과 함께 어깨를 감싸주자. 잘한 일이 있다면 머리를 부드럽게 쓰다듬으며 칭찬해 주자.

부모의 스킨십과 뽀뽀, 그리고 서로 눈빛을 맞추며 건네는 다정한 말 한마디는 청소년기 아이들의 변연계 발달에 필요한 기쁨과 사랑, 신뢰, 안정감을 준다. 변연계가 안정되고 발달하면 청소년기에 빈번하게 발생하는 우울증의 예방에도 도움이 된다. 이처럼 건강한 정서와 우울증 예방을 위해서라도 사춘기 아이들에게 부드러운 신체적 접촉은 반드시 필요하다.

아이들과 신체 접촉을 하면 부모 역시 건강해진다. 아이들과 접촉하는 동안 부모의 변연계도 신체 및 정서적 유대관계와 자극에 의해서 안정감을 갖게 되기 때문이다. 중년에 접어들면서 부족해지는 정서적 자극을 받는 데에도, 자녀와의 신체 접촉은 큰 역할을 한다. 몸과 마음을 건강하게 하는 사랑의 감정이 샘솟게 하기 때문이다.

부모와의 스킨십 외에 자연 속에서 흙을 묻히며 놀게 하는 것 역시 아이들의 정서적 안정에 도움이 된다. 흙 속에 살고 있는 마이코박테리움 박카이Mycobacterium Vaccae 때문이다.

박카이 미생물은 신경전달물질 생성 효과를 가진 물질로, 동물실험 결과 이 미생물을 투여한 동물에서 세로토닌 신경전달물질이 수배 더 증가한 것으로 확인되었다.

흙이 주는 또 하나의 효과는 면역시스템을 튼튼하게 하면서도 과민반응은 억제한다는 점이다. 천식, 알레르기성 비염, 피부염, 일부 소아당뇨나 관절염도 이런 면역계의 반응과 연관된다. 다시 말해 숲, 풀밭, 흙바닥에서 뛰어놀면서 아이들의 운동뇌, 학습뇌는 더욱 건강해지고, 행복물질인 세로토닌과 노어아드레날린이 더욱 왕성하게 분비되며, 필요없는 과민반응인 알레르기 반응도 줄어들어 천식, 피부병 등으로부터 자기 몸을 지킬 수 있게 된다. '자연'스러운 것이 건강한 것이고 행복한 것이다.

학교라는
안전 울타리

이민 가정이나 일정 기간 외국에서 생활하는 가정을 연구해 보면 '정신 건강상의 어려움'을 겪는 경우가 많다고 한다. 새로운 언어와 사회, 문화에 적응해야 하는 부모나 아이들 모두에게서 '불안과 우울', 그리고 '편집증'이 증가된다고 한다. 그럼에도 실제 많은 가정이 초기의 어려움을 극복하고 잘 적응하며 살아간다.

환경에 적응하는 데에는 학교 교육이 큰 몫을 담당한다. 우리 가족의 예를 들어볼까 한다. 나와 우리 가족이 2년간 호주 퀸즐랜드의 주도인 브리즈번에 머물 당시 초등학교와 중학교 교육 경험을 종합하여 하나의 키워드로 만들어보니, '행복을 추구하는 교육'

이었다. 그 이유는 다음과 같다.

첫째, 호주 학교에서 무엇보다 인상적이었던 것은 신입생이 입학할 때 학교에서는 새로운 가족을 맞이하는 느낌으로 대하는 것이었다. 하루 중 6~7시간을 학교에서 함께 지내면서 같이 먹고, 놀고, 얘기하고, 공부하는 학생과 교사는 어떻게 보면 가족 같은 관계라고 할 수 있다.

두 아이를 호주 학교에 입학시키기 위해 학교에 간 첫날 교사들에게서 가족과 같은 느낌을 받았던 가장 주된 이유는 '이질적인 문화를 지닌 부모에 대한 배려' 때문이었다.

선생님들의 배려는 학교에 간 첫날 면담 때부터 느낄 수 있었다. 이 시간에 담당 선생님은 학교 커리큘럼과 생활에 관련된 전반적인 사항에 대해 설명해 주었을 뿐만 아니라 싱거운 질문에도 성의껏 대답해 주었다. 그런데 이 모든 자질구레한 것을 다 해준 사람은 다름 아닌 이 학교의 교장 선생님이었다. 처음에 교장 선생님과 미팅이 있다는 말을 듣고, 솔직히 형식적인 덕담을 들을 것이라고 생각했다. 그런 생각으로 만나니, 질문할 거리도 많이 준비하지 못했다. 그러나 교장 선생님과의 면담은 한 시간을 넘겼다. 교장 선생님은 우리 가족이 호주에 온 이유와 학교에 대한 기대, 아이들이 좋아하는 것과 싫어하는 것, 식성까지 자세히 물어보셨다. 그리고 호주 생활에 적응하는 데에 따른 어려움에 대해 공감해 주고, 그동안

학교를 거쳐 간 다른 나라 아이들에 대한 선생님의 견해도 친절하게 말해주었다. 다행히도 이 학교에서는 일본, 한국 등 아시아 출신의 아이들이 바른 생활과 좋은 태도로 매우 호의적인 평가를 받고 있었다.

교장 선생님과의 면담 후 자리를 옮겨 학년주임 선생님에게서 교복, 양말, 점심 도시락과 급식, 방과 후 활동, 통학 방법에 대해 자세한 설명을 들을 수 있었다. 영어 특히 호주식 영어 발음으로 곤란을 겪던 우리 부부에게는 주임 선생님이 주의사항을 자세히 이야기해 주는 시간이 무척이나 유용했다.

이러한 경험을 통해서 학교는 가정의 연장이라는 느낌을 강하게 받았다. 물론 우리 가족이 경험했던 학교가 호주 전체 학교를 대변하는 것은 아닐 수 있다. 교환교수로 호주에 와 있는 다른 선생님들로부터 실망스러운 이야기를 듣기도 했고(중학교에서 겪은 따돌림 이야기 등), 더 좋은 경험을 한 사람도 있었기에 역시 만나는 선생님이 누구냐에 따라 개인차가 있을 것으로 생각한다. 하지만 내가 지금 여기에서 말하고자 하는 것은 전반적인 학교 문화다. 교장 선생님이 권위적인 존재가 아니라 선생님들의 행정적 부담을 덜어주는 좋은 행정가이자 친절한 안내자 역할을 하는 것은, 민주적인 호주 학교 문화를 단적으로 보여주는 중요한 예라고 할 수 있다.

이런 민주적인 학교 문화를 경험해 보니 학생들이 자유롭게 자신의 의견을 표현하는 이유를 알 것 같았다. 어떤 면에서는 너무 자유로워 좀 건방져 보이기까지 했지만, 아이들의 창의력을 위해 스스럼없이 의사를 표현할 수 있도록 허용한 것 같았다. 사실, 억압이 없는 자유 속에서 창의력이 샘물처럼 솟아나지 않겠는가!

둘째, 호주 학교에서 부러웠던 점은 부모의 참여를 자연스럽게 유도하는 열린 학교 문화였다. 학교는 안전하게 학생을 보호해야 할 의무가 있으므로, 특별한 때 외에는 학교장의 허가 없이는 출입할 수 없다. 그리고 학교를 방문하는 경우 지켜야 하는 규칙들도 엄격했다. 하지만 다양한 경로로 학교 행사에 학부모와 지역주민을 참여시키고자 노력했다. 음악 공연, 미술 전시회, 디스코 타임, 수영대회 등등 학년별 행사가 자주 열리고, 부모가 참여하고 즐길 수 있는 시간이 꼭 마련되어 있었다. 행사 준비에서부터 학부모가 함께할 수 있었는데 음식도 가져올 수 있게 하여 다과를 즐기며, 아이들과 선생님들이 노력하여 얻은 결실을 부모와 가족들이 함께 음미하는 시간을 가졌다.

학부모의 자원봉사도 빛을 발했다. 한번은 학교 교정에 조각 작품을 전시하는 학부모 행사에 참여했는데, 재활용 캔, 페트병, 타이어, 알루미늄과 쇠 파이프 등을 이용하여 환경보호를 위해 재활용품을 활용한 행사의 하나로 기획되었다. 솜씨 좋은 할아버지와 아버지들이 어찌나 열심히 참여하고 멋진 작품을 만들어내던지, 열린 입이 닫혀지지 않았다. 그 재활용 조각품은 그 후 1년 내내 학교 교정 곳곳에 예술품 대접을 받으며 전시되었다. 그리고 주말마다 자주 '솜씨 기부' 행사도 열려, 그림을 잘 그리는 부모와 아이들이 함께 참여하는 벽화 그리기도 있었다. 부모를 귀찮게 한다고 생각하면 오해다. 이 모든 활동은 자발적 참여를 통해 이루어졌기 때문이다.

셋째, 학교 커리큘럼에 다양한 체육 활동을 포함시켜 적극 장려했다. 초중학교 과정의 휴식시간에 체조나 축구나 넷볼netball(농구와 비슷하지만 드리블 없이 패스만으로 경기가 진행된다)과 같은 구기 종목을 매일 실시했다. 수영도 매일 가르쳤다. 기본적으로 50미터를 수영할 수 있는 실력을 초등학교 저학년 때 길러준다. 호주는 해양 스포츠 활동이 많은 나라답게 수영을 '생존 기술'로 인식한다. 학교 체육 시간에 수영이 빠지지 않는 이유이기도 하다.

뇌과학적으로 운동은 신경성장인자의 분비, 뇌신경세포의 증식과 분화, 시냅스 형성 촉진을 통한 신경계 활성화와 연관되어 있다. 심리적으로는 신체 자아body ego(입으로 먹고 손으로 만지는 등 자기 육체를 통해 자기 표상을 형성하는 것으로 주로 유아 시기의 자아의식을 말함)를 발달시키고, 자존감을 키우는 데 도움이 된다. 운동을 잘하는 아이만 자존감이 높아지는 것이 아니다. 운동에 참여하는 모두가 도움을 받을 수 있다. 마라톤에서 꼴찌를 한다고 해서 러너스 하이 runner's high(통상 30분 이상 달릴 때 느끼게 되는 도취감 또는 쾌감)를 못 느끼는 것이 아니다. 학교 교육에서 뇌 발달과 더불어 심리적 건강을 증진시키는 체육 활동에 적극적으로 투자하는 것은 아이들의 평생 건강을 지켜주는 필수적인 요소라고 생각한다.

넷째, 능력에 따라 아이를 차별하는 것이 아니라 다양성을 존중하는 문화가 정착되어 있었다. 아이의 능력은 제각기 차이가 날 수밖에 없다. 언어 지능에서 차이가 있듯이 학습 능력, 공간 이해 능력, 수리력, 공감력, 예술 등 다양한 측면에서 아이들은 고유의 강점과 약점을 가질 수 있다. 모든 측면이 다 우수한 아이들도 있지만, 모든 측면에서 연령 발달을 못 따라가는 경우도 있다.

그렇다면 아이의 능력을 극대화시키기 위해 공부를 잘하는 아이들과 못하는 아이들을 나누어서 학습시켜야 할까? 아니면 다양한 능력의 아이들을 함께 교육시키며 서로 돕게 하고 이해력을 키워줘야 할까? 둘 다 해야 한다. 문제는 균형과 조합이다. 어느 한쪽이 맞고 틀리고의 문제가 아니다. 이를 위해서는 다양성을 포괄하면서도 교육의 효율성을 인정하는 공정성과 평등에 대한 문화적 기반이 뒷받침되어야 한다.

사실 처음 호주에 도착해서 2주 만에 학교에 입학했을 때, 우리 아이들은 전반적인 능력이 떨어지는 편이었다. 영어를 거의 못하니 능력을 발휘하려고 해도 할 수 없었다. 호주 중학교에서는 이럴 경우, 영어 듣기와 말하기 능력을 키우기 위한 코스를 필수적으로 거치게 한다. 초등학교 저학년일 경우에는 바로 수업에 참여할 수 있도록 허락한다. 각 학년별 단계에서 요구하는 학습 목표 수준에 따라 맞춤식 대처를 하는 것이다. 이처럼 호주 학교에서는 학생 개인의 특성을 충분히 고려하여 아이의 능력에 맞게 필요한 것을 찾아주기 위해 노력했다. 이것은 학습 능력이 떨어지는 아이도 안고 가는 문화가 바탕에 마련되어 있기에 가능했던 것이다.

아이들은 학교에서 사회에 진출하여 필요한 것을 배우고 준비한다. 우리 사회를 안정되고 건강하게 만들려면 '스머프' 사회처럼 서로 돕고 사랑할 수 있는 사회로 만들어야 한다. 이를 위해서는 호주 학교에서처럼 아이들에게 '함께 안고 가는 문화'를 뼛속 깊이 심어줘야 한다.

다섯째, 정신건강과 삶의 질을 매우 중요시했다. 실제로 호주의 자살률은 우리나라의 절반 수준인 10만 명당 12.4명꼴이다.

호주에서는 TV 공익광고에서뿐만 아니라 시내의 공중화장실에서 다음과 같은 문구를 자주 볼 수 있다. "우울증, 치료할 수 있습니다", "우울증을 술로 해결할 수 없습니다", "우울증은 치료될 수 있습니다. 지금 상담을 받으십시오." 이는 우울증의 조기 치료를 촉진할 수 있도록 정신건강의 중요성과 문제에 대한 해결책을 제시하는 구체적 노력의 한 예라고 할 수 있다.

호주에서는 아동 정신건강에 대한 교육프로그램을 유치원에서부터 시작하고 초등학교의 교과 과정에서 수업시간에 '따돌림 예방 교육'이 진행되고 있다. 이 시간에는 따돌림 예방 교육을 지루한 강사의 강의로 대신하지 않는다.

예를 들어 국어 시간에 아름다운 옛날 고전시나 어려운 현대시만을 가르치는 것이 아니라 따돌림을 당해서 슬퍼하는 아이의 고통스러운 감정을 그대로 표현한 시를 감상하며 함께 아파하고 분노한다. 당장 학교에서 일어날 수 있는, 따돌림 당하는 아이의 고통을 절절히 표현한 친구의 시를 함께 읽은 아이들은 따돌림이 얼마나 위험한 것인지를 절실하게 깨닫게 된다. 이처럼 호주 학교에서는 '그러면 안 된다'는 당위로 가르치려 하지 않고 '얼마나 힘들까?' 하는 공감을 이끌어내기 위해 노력한다.

우울증, 불안증, ADHD에 대해서 부모와 학생들을 대상으로 하는 특강 시간도 자주 마련한다. 이 시간에 그런 증상을 가진 아이를 도울 수 있는 구체적인 방법을 설명해 주고 가르친다. 전문적인 도움이 필요한 경우를 위한 1차적 상담서비스를 학교에서 받을 수 있다. 또한 아이의 생활을 가장 잘 아는 선생님들이 그 아이의 문제도 가장 먼저 알고 도움의 첫 단추를 끼울 수 있다는 사실을 인정하여, 우선적으로 교사들이 아이와 학부모의 고민을 덜어줄 수 있도록 여러 측면에서 적극적으로 돕는다. 아이의 정신적인 문제를 치료하는 데 있어 특히 이 초기 단계에서의 대응이 중요하므로, 교사들은 이 일을 결코 소홀히 하지 않는다.

나는 호주 학교에서 자녀에게 정신적인 문제가 있을 경우 "선생님이 알면 절대 안 돼요. 우리 아이가 정신병자 취급을 받으면 안 돼요"라고 불안해하는 부모를 거의 본 적이 없다.

나는 부모와 선생님이 아이의 정서적 어려움(우울증과 불안감), 행동-감정 조절의 어려움(ADHD, 틱 증상)을 그대로 상담 책상 위에 올려놓고, 수학 문제 풀이를 도와주는 법을 얘기할 때와 똑같은 태도로 편견 없이 대화를 나누는 모습을 상상하곤 한다. 이제 그런 모습을 우리나라 교육현장에서도 볼 수 있기를 바란다.

Part
4

마음먹은 대로
행동할 수 있게 하는 실행 지능

경쟁을
부추기는 사회

생물학적으로 경쟁은 보다 우수한 유전자를 유지하고 발전시키는 주요한 수단이다. 심지어 한 개체 내에서도 더 나은 유전자를 다음 세대에 전달하기 위해 경쟁이라는 수단이 선택된다. 하나의 난자를 향해 경쟁하는 수억 개의 정자를 연상해 보면 쉽게 이해할 수 있을 것이다.

우리 뇌 속에서도 이러한 경쟁이 벌어지고 있다. 3~5세에 가장 활발하게 일어나는 뉴런의 자연 사멸은 경쟁에 실패한 뉴런을 걸러내는 과정이고, 10대 아이들의 전두엽에서 활발하게 일어나는 시냅스의 가지치기 현상도 경쟁에서 뒤떨어진 것을 쳐냄으로써

보다 효율적인 신경망을 구축하기 위한 작업이다.

경쟁은 인간에게 숙명과도 같다. 인간은 어린 시절부터 경쟁을 하면서 성장한다. 형제자매끼리의 경쟁이 그 시작이 되는 경우가 많다. 경쟁은 승리와 패배를 가른다. 승리의 달콤한 맛을 알기에, 그리고 패배의 쓰디쓴 고통을 몸으로 체험하기에 경쟁에서 이기기 위해 노력한다.

인간의 경쟁심, 그것은 어디에서 기원했을까? 다른 동물들과 마찬가지로 경쟁은 인간이 태어나면서 가진 주요 행동 특성이라고 주장하는 학자들도 있다. 그들은 경쟁이 유전적으로 각인된 행동이라고 주장하며, 생존과 번식을 위한 경쟁을 동일한 것으로 본다. 반대로 인간의 경쟁심은 학습을 통해 습득한 행동일 뿐이라고 주장하는 사람들도 있다. 그들은 경쟁은 학습된 것이지 타고나는 것은 아니라고 강조한다. 스티븐 굴드Stephen Jay Gould 박사가 이런 주장을 한 대표적인 인물이다. 그는 협동과 경쟁 모두 사회적 학습의 산물이라고 주장했다. 사회 또는 가정의 환경에 따라 사람들은 경쟁적 또는 협동적이 되어 간다는 것이다.

인간은 약한 존재를 돌보고 아이를 양육하는 본능도 함께 지니고 있다. 이런 자질은 협동심의 토대가 된다. 경쟁의 밑바탕에 생존을 위한 공격성이 있는 것처럼, 협동의 밑바탕에 약한 존재를 보호하려는 본능이 자리잡고 있는 것이다. 이것으로 보아 인간은 경쟁과 협동 모두를 생물학적 특성으로 포괄하고 있으면서, 환경에 적응하기 위해 필요한 만큼의 경쟁과 협동을 수행하도록 조절하면서 살아가고 있는 존재라고 할 수 있다.

살기 편한 환경에서는 협동하는 것이 적응에 유리하다. 서로 나누어 가질 수 있는 총량을 늘릴 수 있는 평화로운 시기에는 협동을 통해 파이를 계속 키우는 것이 유리하기 때문이다. 하지만 가혹한 환경에 처하면 협동보다는 경쟁을 택하는 경우가 많아진다. 협동해 봤자 더 큰 파이를 만들 수 없다면, 당장 눈앞에 있는 파이를 더 많이 차지하는 것이 유일한 선택인 것처럼 보이기 때문이다. 그렇게 되면 그 조직(사회)은 협동은 고사하고 경쟁이 격화되어 분열되고 만다.

{ 건강한 경쟁은 공정성에서 비롯된다 }

그렇다면 아이들 교육에는 협동과 경쟁 중 어떤 것이 더 필요할까? 인류의 역사를 보면 아이들 교육에서 경쟁은 필수적인 요소였다. 그리스 로마 시대를 보자. 강한 신체를 가진 남성은 개인과 국가를 위해서 꼭 필요했다. 이러한 남성을 기르기 위해 신체적 경쟁이 매우 다양하게 조직화되었고, 그중의 한 분야가 스포츠였다. 또한 남성의 강한 몸은 인체의 아름다움과 결합되어 예술작품으로 표현되었고 우상시되었다.

현대에도 다양한 분야에서 경쟁이 치열하게 이루어지고 있다. 다만 그 어느 때보다도 경쟁에서 공정성이 강조된다. 특히 교육에서 공정한 규칙을 바탕으로 한 조직화된 경쟁 구조가 반드시 필요하다는 데에는 많은 전문가들의 견해가 일치한다.

그럼에도 경쟁이 심화되면 그 부작용이 만만치 않다. 경쟁은 필연적으로 상처를 남긴다. 지나치게 경쟁하다 보면 많은 에너지가 소진되고 실패할 경우 정신적으로 고갈되어 회복이 어려워지기도 한다. 또한 지나친 경쟁은 내적 동기도 떨어뜨린다.

그런데 공정한 경쟁을 위한 규칙이 잘 지켜지지 않을 때에는 문제가 더 심각해진다. 자본주의의 시장 논리를 바탕으로 한 교육에서는 특히 경쟁을 중시한다. 그래서 경쟁을 통해 살아남은 우수한 제품이 시장을 지배한다는 경제 논리가 교육 현장에서도 그대로 적용되고 있다. 이런 자본주의 논리에 영향을 받은 부모들은 당연히 아이들을 최고의 상품으로 길러내고 싶어 한다. 그래서 아이를 유치원에서 대학까지 최고의 교육기관에 입학시키기 위해 수월성 교육(영재 교육이나 엘리트 교육과는 다른 개념으로 평준화의 틀을 유지하면서 잠재력이 뛰어난 학생을 골라 그 잠재성을 극대화시키는 교육을 말한다)을 위주로 아이를 가르치려고 노력한다. 또한 고등학교 같은 공교육기관은 수월성을 기르는 데에는 적합하지 않으므로 강남 대치동에 위치한 학원, 그것도 과목별로 각각 최고의 학원에 보내는 게 최선이라는 주장을 하기도 한다.

실제로 자본주의적 경쟁 논리만 살아 있고, 공정한 게임의 규칙은 사라진 것이 우리 교육의 현주소가 아닌가 하는 생각이 들 때가 많다. 그러나 나는 이 현실이 과장되어 있기를 바라며, 일부 주요 신문이 써대는 선정적인 기사가 사실이 아니기를 바라는 많은 학부모 중의 한 명이다. 하지만 이 논리는 우리 시대 부모들에게 잘 먹혀들고 있는 것 같다. 최고의 학원을 찾아 이사 가지 않으면, 마음속부터 불안해지는 부모들이 얼마나 많은가?

공정한 규칙이 없이 적절하게 조직화되지 않은 경쟁은 개인에게 모든 책임을 떠넘기면서 개인을 불안하게 만들기 일쑤다. 게다가 불안해하는 부모들을 더욱 자극해서 상업적으로 이용하려는 세력들이 득세할 경우 경쟁의 건강한 역할까지 사라지고 만다.

건강한 경쟁은 공정성을 전제로 했을 때만 가능하다. 공정한 경쟁은 자기 자신을 더 발전시키고 싶다는 자아성취 욕구를 자극한다. 그리고 깨끗한 패배를 배우게 하여 자신을 돌아보는 기회를 갖게 하며, 승자를 존경하게 만든다. 또 승자를 모델로 삼고자 하는 마음을 갖게 한다. 이는 사회에 활력을 불어넣고 발전 가능성을 높이는 역할도 한다. 사실 건강하고 공정한 경쟁은 사회구성원 간의 협동심을 저해하지 않는다.

　이는 아이들의 교육에서도 마찬가지다. 열심히 공부해서 1등을 하는 아이는 학교에서 선망의 대상이 된다. 특정 과목의 공부에서 한계를 느끼는 아이들은 자신을 돌아보게 되고, 새로운 분야에서 노력하고 싶은 마음을 가지며 자연스러운 성찰의 경험을 하게 된다. 그런데 친구들 중 한 명이 한 과목에 수백만 원씩 하는 족집게 과외를 받아서 1등을 한다고 믿는 아이들이 많다면, 그것이 사실이든 아니든 공정한 경쟁을 위한 건강한 욕구를 갖게 하기는 힘들 것이다.

　건강한 경쟁은 또한 그 정도가 적절해야 한다. 지나친 경쟁심은 정신적 위기를 불러온다. 경쟁이 나쁜 게 아니라 지나친 것이 나쁜 것이다. 그렇다면 지나친 경쟁의 기준은 무엇일까? 지나친 경쟁은 자기 자신을 거는 도박과 같은 것이다. 경쟁이 일상이고 게임과 같은 것이 아니라 자신의 인생 전체가 걸린 것으로 생각하고 패배를 회복할 수 없는 좌절로 받아들인다면, 그건 분명 지나치고 나쁜 경쟁이라고 할 수 있다.

　조직의 구성원들이 그런 경쟁을 강요받는 것처럼 느낀다면, 그 조직은 오래가지 못할 것이다. 지나친 경쟁적 환경은 동기를 꺾어 버리고 경쟁에서 도태된 대부분의 사람들에게는 극심한 불안과 좌절을 강요하고, 승리한 소수에게도 여전히 불안 속에서 약간의 안심을 얻게 할 뿐이다. 그럼에도 과도한 경쟁이 계속된다면 경쟁에서 탈락한 사람은 그 좌절감으로 인해 극단적인 선택을 할 수도 있다.

과도한 경쟁심이 성격으로 굳어지는 경우도 있다. 일찍이 많은 정신의학 논문에서는 지나치게 경쟁적인 성격을 가진 사람들의 문제점을 지적했다. 이런 사람들은 인생을 '만인과의 투쟁'으로 본다. 그들은 자신의 가치를 지키기 위해서는 어떤 희생을 치르고서라도 승리를 해야 한다는 집착을 하고 있다. 어떤 활동이건 경쟁에서 자기가 졌다고 느끼면 그것을 매우 심각한 위협으로 받아들인다. 그들은 심지어 운전할 때도 다른 차를 자기 앞으로 절대 끼어들지 못하게 한다. 이렇게 과다한 경쟁심을 지닌 사람들은 작은 일에도 쉽게 화를 내고 타인과 협동이 매우 어려울뿐더러 자기애적narcisistic으로 행동한다.

과도한 경쟁의 희생물이 된 사람들은 신체적 건강도 매우 위협을 받는다. 이런 사람들은 심장 질환, 특히 관상동맥 질환에 많이 걸리고 뇌혈관질환의 위험성도 높아서 급사의 가능성이 있다. 또한 혈압과 당뇨로 인한 질환에 시달리는 경우도 많다. 과도한 긴장으로 인해 교감신경이 과다하게 흥분된 상태에 있기 때문에, 건강에 심각한 문제가 발생하는 것이다.

하지만 건강한 경쟁을 하는 사람은 자신에게 활력을 주는 정도에서 경쟁을 즐기며 그것으로 만족한다. 실패했다고 절망하거나 승리했다고 자아도취에 빠지지 않는다. 오히려 패자를 위로하고 자기편으로 만들기까지 한다.

{ 올바른 경쟁의 조건 }

그렇다면 아이들이 건강한 경쟁을 할 수 있도록 동기부여를 하려면 어떻게 해야 할까? 가장 먼저 경쟁은 공정한 규칙의 바탕 위에서 이루어진다는 것을 반드시 가르쳐주어야 한다.

이를 위해서는 평상시에 집에서 하는 놀이에서부터 공정한 규칙을 지키도록 가르쳐야 한다. 그리고 넓게는 우리 사회가 공정한 규칙을 준수하는 사회로 탈바꿈되도록 기성세대들이 노력해야 한다.

경쟁을 뛰어넘어 협동심을 가르치는 것도 아이들의 행복을 위해서는 매우 중요하다. 협동심을 배우지 못한 아이들은 지나치게 경쟁적으로 행동하는 아이로 자랄 위험성이 크기 때문이다. 따라서 자녀에게 다른 친구들도 더 잘하려고 하는 같은 욕구를 가지고 있다는 것을 알려주고 함께 노력하면 혼자 할 때 얻을 수 없는 연대의식을 느낄 수 있다는 것도 가르쳐야 한다.

앞으로는 더 강력한 네트워크의 시대가 올 것이다. 아무리 개인이 창의적인 아이디어가 많고 뛰어나다 해도 인적 네트워크가 없으면 그 아이디어나 꿈은 실현 가능성이 낮아질 수밖에 없다. 그리고 다양한 분야의 사람들과 협력하지 않고서는 멋진 결과물을 만들 수 없다. 따라서 협동심을 교육의 필수 요소로 삼지 않으면 행복은 차치하고 생존조차 할 수 없게 될 것이다. 만약 자녀를 최고의 실력을 갖출 뿐만 아니라 행복한 아이로 키우고 싶다면 경쟁심과 함께 협동심의 미덕을 가르쳐야 한다.

기다릴 줄 아는 아이가
세상을 이끈다

우리는 만족을 모르는 시대에 살고 있다. 원하는 것은 거의 모두 얻을 수 있으며, 그것도 즉시 얻어야 좋다고 믿는 사람들이 대부분이다. 그래서인지 원하는 것이 있을 때 참지 못하고 당장 얻으려고 하며, 그것이 불가능할 때는 누군가를 비난하거나 금세 포기해 버린다.

하지만 만족을 즉각적으로 채우기보다는 잠시 미루거나 참고 기다리면 더 큰 것을 얻게 될지도 모른다. 당장의 작은 만족을 채우기보다는 이후에 더 큰 만족을 얻기 위해서 기다릴 줄 아는 미덕, 즉 만족 지연 능력은 작게는 가정, 크게는 나라를 이끌어가는 사람에게 꼭 필요한 자질이다. 그런데 이러한 만족 지연 능력은 어릴 때부터 개인차가 있다.

만족 지연 능력은 경험과 학습으로 강화되는 부분도 있지만, 타고나는 특성이기도 하다. 이렇게 타고나는 행동 특성을 '기질'이라고 한다. 기질에는 부산한 기질, 소심한 기질, 냉철한 기질, 활달한 기질 등 다양한데, 만족을 지연시킬 수 있는 능력도 분명 이러한 기질의 한 부류다. 기질은 대개 2~3세 정도면 드러나기 시작해 늦어도 4~5세에는 뚜렷하게 나타난다. 이렇게 보면 기질은 학교 교육을 통해 길러진다고 보기보다는 유전적인 요소가 강하다고 할 수 있다.

아이들의 기질을 제대로 파악하는 것이 중요한 이유는, 아이의 선택에 보이지 않게 많은 영향을 미치기 때문이다. 하지만 기질을 좋고 나쁜 것으로 구분하는 것은 바람직하지 않다. 기질은 그저 하나의 고유한 특성으로 보고 이해할 필요가 있다.

1970년대에 미국 스탠퍼드대학 심리학 연구팀에서 만족 지연 능력 기질에 관한 유명한 마시멜로 실험을 하였다. 그 후 이 실험은 『마시멜로 이야기』라는 책뿐만 아니라 다양한 매체에서 여러 차례 소개되었는데, 실험 내용은 다음과 같다.

마시멜로는 아이들이 좋아하는 작은 솜사탕 같은 군것질거리다. 대부분의 아이들은 마시멜로를 보면 당장 먹고 싶어 군침을 삼킨다. 실험을 위해 연구팀은 마시멜로를 아이의 눈앞에 놔두고 15분 동안 먹지 않고 참으면 똑같은 마시멜로를 하나 더 주고, 만약 참지 못하고 먹어 버리면 마시멜로는 더 이상 주지 않겠다고 몇 번이나 반복하여 말해주었다. 그리고 아이와 마시멜로만 남겨놓고 방에서 나와 15분 동안 관찰했다.

실험 결과, 15분 동안 마시멜로를 먹지 않고 참은 아이들과 그렇지 않은 아이들로 양분되었다. 만 4~6세에 해당하는 600명의 아이들을 대상으로 한 이 실험에서 3분의 1 정도의 아이들만이 마시멜로를 먹지 않고 참았다.

이후 장기간의 추적 연구가 시작되었다. 무려 15년 이상 이 아이들을 추적한 결과, 상당히 뚜렷한 차이가 발견되었다. 마시멜로를 먹지 않고 기다렸던 아이들 그룹이 보다 건강하고 자신감 넘치는 청소년기를 보냈으며, 후에 더 높은 SAT(미국대학입학시험) 점수를 받았다. 참지 못하고 마시멜로를 먹은 아이들은 어땠을까? 청소년으로 성장한 이 아이들은 낮은 자존감을 보였고, 학교에서 선생님이나 다른 친구들에게 별로 인기가 없었다. 부모에게 '키우기 힘든 아이'라는 평가를 받는 비율도 훨씬 높았다.

마시멜로 실험을 통해 확인된 이러한 만족 지연 능력의 자질은 학습 외에 여러 분야에서 비슷한 결과가 확인되었다. 이 능력이 높은 아이일수록 자기 조절을 잘하는 것으로 보아 만족 지연 능력이 충동 조절과 밀접한 연관 관계가 있다는 것을 확인할 수 있었다. 또한 정서 지능이 더 높았고 공감 능력도 우수한 것으로 나타났다.

최근에는 만족 지연 능력과 관련된 자기 조절력에 대한 뇌과학적 연구가 점점 많아지면서 자기 조절이 전전두엽 기능의 산물임을 알게 되었다.

전전두엽은 앞이마의 안에 위치하고 있는 뇌의 부위로, 자기 조절 능력을 담당하는 핵심 부위다. 그러므로 전전두엽에 손상이 생기거나 발달 이상이 생기면 자기 조절력에 심각한 결함이 발생한다. 자기 조절 능력이 떨어지는 대표적인 질환으로는 ADHD, 태아 알코올 증후군, 충동 조절 장애 등이 있다. 이 질환들은 공통적으로 전전두엽의 발달에 지연이 있으며, 자기 조절력이 같은 나이 또래에 비해 떨어져 있는 것으로 나타났다.

하지만 의학의 발달로 최근에는 전전두엽의 기능을 회복시켜 주는 약물과 심리·행동 치료법이 개발되었다. 서울대학교병원에서 ADHD 아이를 대상으로 시행한 연구에서, 약물 치료와 행동 치료를 시행한 군에서 자기 조절력이 효과적으로 회복되는 것이 밝혀졌다.

더욱 다행스러운 소식은 전전두엽 기능이 나이가 들면서 서서히 자연 회복되는 경우도 있다는 보고가 발표된 것이다. ADHD 아이들의 일부가 청소년이나 청년기에 접어들면서 전전두엽 기능이 회복되었을 뿐만 아니라 자기 조절력도 개선되었다는 사실이 밝혀졌다.

{ 자기 조절력이 뛰어난 아이로 키우는 6가지 방법 }

아이들의 자기 조절력을 향상시켜 만족 지연 능력을 높이기 위한 심리학적 방법에는 어떤 것이 있을까? 앞에서도 행동 치료에 대해서 잠시 언급을 했지만, 다양한 심리학적 기법이 응용될 수 있다.

첫째, 환경 조성을 통해 자기 조절을 좀 더 쉽게 할 수 있다. 예를 들어 산만한 아이들의 방은 기구를 단출하게 하고, 책상 위에는 필요한 것만 놓고 다른 것은 치우게 한다. 손장난을 참지 못하는 아이의 경우, 주머니에 손을 넣게 하는 방법도 있다. 이는 자기 조절력을 키우는 것이라기보다는 환경에 적응을 잘할 수 있도록 하는 방법이라고 할 수 있다.

둘째, 충동에 반대되는 행동을 하도록 유도하여 자기 조절력을 강화시킬 수 있다. 예를 들어, 아이가 햄버거나 감자튀김 같은 정크푸드를 먹고 싶은 충동을 보일 때, 샐러드나 과일 같은 건강식을 먹도록 유도하면 그런 충동을 현저히 줄여줄 수 있다.

셋째, 아이의 감정 상태를 조정함으로써 자기 조절력을 향상시킬 수 있다. 이는 일종의 장면 전환 기법을 응용한 것이다. 예를 들어 미워하는 상대가 자꾸 떠올라 괴로워한다면, 오히려 그 사람이 잘되도록 기도하라고 시킨다. 그러면 조절하기 힘든 미운 마음을 크게 줄일 수 있는 장면 전환이 된다. 또 다른 예를 들면 하고 싶지 않은 일을 하게 할 때, 놀이나 게임의 요소를 가미해 주면 재미있는 일처럼 느끼게 된다.

넷째, 피하고 싶은 자극을 활용한다. 예를 들어 일찍 일어나기 위해서(자기 조절), 시끄러운 소리(싫은 자극)가 나는 알람시계를 맞추어놓고 자는 것이다. 그러면 시끄러운 소리에서 벗어나기 위해서 싫은 행동을 참고 하게 된다.

다섯째, 행동 치료 기법으로 가장 많이 사용되는 '토큰 사용token economy'을 활용한다. 예를 들어 수학 문제를 풀기 싫어하는 아이에게 문제를 열 개 풀 때마다 20분 동안 게임을 할 수 있는 토큰 한 개를 주는 것이다. 칭찬을 자주 해주는 것도 이러한 토큰 사용의 한 방법이다.

여섯째, '부적negative 강화술'을 활용한다. 이는 목표로 하는 행동을 하지 않았을 때 원하는 특권을 일시적으로 정지시키는 것으로 토큰 사용의 반대가 되는 방법이다. 예를 들어 정해진 문제집 분량을 다 풀지 못하면, 일정 시간 동안 게임을 금지시키는 것이다.

이와 같이 만족 지연 능력 향상을 위한 심리학적 기법은 아주 다양하다. 더불어 자기 조절을 잘하며 만족 지연 능력이 높은 아이들을 살펴보면 내적 동기가 뚜렷하다는 것을 알 수 있다. 내적 동기란, 스스로의 선택에 의해서 할 일을 결정하는 동기를 말한다. 자기 조절이 어려운 것은 원하는 것을 참아야 하거나 힘든 일을 참고 해야 하기 때문이다. 그러나 내적 동기가 의미가 있다고 느끼면 아이들은 힘들고 괴로워도 그 일을 자발적으로 한다. 내적 동기는 자기 조절에 있어서 중요한 원동력이라고 할 수 있다. 따라서 아이에게 만족 지연 능력을 길러주려면 내적 동기를 갖게 도와주는 것이 무엇보다 필요하다. 많은 대화와 공감을 바탕으로 한 경험이 내적 동기를 강화하는 데 매우 도움이 된다.

개인적인 이야기지만 얼마 전 내 딸의 행동을 보면서 내적 동기의 위대함을 경험할 수 있었다. 내 딸을 잠시 소개하자면 이름은 예일이고 누구보다 먹는 것을 좋아한다. 특히 맛있는 것 앞에서는 행복에 겨워한다. 그런 내 딸이 40시간을 쫄쫄 굶고도 행복해했다.

예일이가 40시간을 굶은 것은 동티모르 아이들의 궁핍한 상황에 관한 얘기를 듣고, 그 아이들을 돕기 위한 기금 모금에 참여하겠다는 내적 동기를 갖게 된 후였다. 예일이의 내적 동기는 결단으로 이어졌고 만족 지연이라는 자기 조절로 표현되었다. 40시간 동안

물만 마시고, 침묵을 지키고, 휴대폰과 컴퓨터 등 현대적 기기를 사용하지 않고, 편안한 의자에 앉지도 않았다. 동티모르 아이들의 힘든 생활을 자신도 경험하기 위해서였다.

그뿐만 아니라 동티모르 아이들을 위한 기금을 모았다. 예일이와 친구들은 함께 마을을 돌며 동티모르 아이들의 어려운 형편을 알리고 기금을 모았다. 그리고 거의 20만 원이 넘는 돈을 모아서 기부를 했다. 첫날 아침을 거르는 딸을 보면서 걱정이 되었지만, 같이 참여하고 싶은 생각에 저녁은 온 가족이 함께 굶었다. 둘째 날도.

누구나 경험하듯이 행복은 추구한다고 얻어지기보다는 자신의 일에 몰두하고 있을 때 자연스럽게 찾아온다, 그렇게 좋아하던 음식을 앞에 놓고도 꿋꿋하게 40시간을 굶으며 행복해하는 딸아이를 보며 나는 내적 동기가 얼마나 사람을 변화시킬 수 있는지 다시 한번 깨닫게 되었다, 이 자리를 빌려 내 딸에게 말해주고 싶다.

"내 딸이지만, 너를 통해 많은 것을 배우게 되었다. 정말 아빠는 네가 아주 자랑스럽구나."

꿈을 꾸는 아이
vs 꿈을 이루는 아이

꿈이 현실이 되는 세상에서 살아가는 것이 과연 가능할까? 여기에는 두 가지 전제가 필요하다. 첫째, 현실의 척박함에 매몰되지 않고 꿈을 꿀 수 있어야 한다. 둘째, 꿈을 오랫동안 꾸준히 유지할 수 있어야 한다. 이를 위해서는 현실 속에서 꿈을 실현할 수 있는 구체적인 방법을 찾아서 그 꿈을 이루어나갈 친구들과 함께 노력해야 한다. 설령 꿈이 좌절된다고 해도 희망을 버리지 않고 다시 일어설 수 있어야 한다. 이 두 가지가 꿈을 이루어가는 사람들에게서 발견할 수 있는 공통점이다.

잠시 어렸을 때 어떤 꿈을 가졌었는지를 떠올려보자. 그리고 이제 내 옆에 있는 아이를 보자. 이 아이의 꿈은 무엇일까? 혹시 어려운 현실 속에서 좌절하고 꿈조차 꾸지 못하고 있는 것은 아닐까? 만약 그렇다면 아이가 꿈을 갖게 하려면 무엇을 해야 할까?

꿈을 꾸기 어려운 시대가 왔다고 한다. 현실은 암울하고 미래는 더 어둡다고 한다. 과학기술의 발달과 세계화의 영향으로 수천 킬로미터 밖 세상에서 일어난 일들이 아무 상관없어 보이는 우리에게 다음 날, 또는 실시간으로 영향을 미치고 있다. 대개는 좋지 않은 일들이 더 빨리, 더 강하게 영향을 준다. 테러 위협이 그렇고, 경제위기가 그렇다. 이제 생존이 다시 화두가 되었다고 말하는 사람도 있다. 이런 세뇌 아닌 세뇌를 받고 자란다면 과연 이 아이들은 어떤 꿈을 갖게 될까? 밥벌이가 지상의 목표가 되는, 그런 꿈을 꾸게 되는 것은 아닐까?

모든 시대에 걸쳐 위기와 혼란은 있었다. 불과 20여 년 전의 기억을 떠올려보자. 세기말의 공포가 얼마나 우리 마음을 뒤흔들었는가? 많은 루머와 불길한 예측들이 횡횡했다. 인간은 왜 이렇게 생존에 민감하고, 쉽게 두려워하며 불안해할까? 공포를 이용한 마케팅에 왜 이렇게 쉽게 넘어가는 걸까? 그것은 인간의 뇌가 생존에 민감하게 발달되어 왔기 때문이다. 우리 뇌와 신체가 지닌 여러 가지 종류의 경고체계alarm system를 봐도 알 수 있다. 인간의 뇌는 매우 효율적으로 위험을 피하고 안전을 도모할 수 있도록 진화되어 온 것이다.

인간의 기억체계에서 불안과 공포에 근거한 기억은 쉽게 장기 기억으로 저장된다. 미국인들 대부분에게 2001년 9월 11일 무너진 쌍둥이 빌딩의 기억은 100년이 가도 지워지지 않을 것이다. 물론 이런 경고체계가 있었기에 인간의 생존이 가능했을 것이라는 데에는 적극 동의한다. 그러나 생존의 과제를 넘어 꿈을 향해 한 발 더 나가기 위해서는 이런 본능적인 경고체계의 벽을 초월할 필요가 있다. 인간의 위대함은 본능의 벽을 뚫고 자기 한계를 초월하는 데에 있지 않은가?

사실, 꿈을 이룰 기회는 모든 사람에게 주어진다. 그러나 꿈을 실현하고 행복한 삶을 영위하는 것은 자기 한계를 초월한 사람들에게 주어지는 흔하지 않은 일이다. 하지만 우리 아이들이 주역이 되는 시대에는 자신의 꿈을 이루며 사는 사람들이 다수를 차지하리라고 생각한다. 생존을 위해 타인의 명령에 묶여서 순응하며 안전한 삶을 살아가는 것이 아니라, 자기 인생의 주인이 되어 같은 꿈을 가진 사람들과 더불어 꿈을 이루며 살아가는 것이 보편적인 일이 되리라고 믿기 때문이다.

{ 낙관주의자가 꿈을 이룬다 }

꿈을 현실로 바꾸는 데는 꿈꾸기와 좌절을 극복하고 꿈을 끝까지 포기하지 않는 힘이 필요하다. 나는 그것을 '낙관주의optimism의 힘'으로, 그런 사람을 '낙관주의자optimist'라고 말하고 싶다.

꿈을 이룰 수 있다고 믿는 사람들이 모여 더욱 좋은 사회를 위해 노력하는 모습을 간절히 바라면서 이제부터 낙관주의자의 힘에 대해서 살펴보겠다.

낙관주의 또는 비관주의는 삶을 바라보는 태도이자 타인의 삶에 대해 기대하는 가치관이다. 부모가 낙관주의자면 아이도 낙관주의자가 될 가능성이 높다.

의과 대학생이었을 때, 나는 정신의학과 심리학을 공부하고 싶다는 꿈을 갖고 있었다. 그리고 인간의 마음을 연구하면서 주로 관심을 가졌던 주제는 '왜 같은 뇌를 가진 사람들이 같은 경험에 대해서 서로 다른 해석과 판단을 하게 될까?' 하는 것이었다. 여자 친구에게 차였다는 똑같은 경험을 한 뒤에, 누구는 '더 나은 여자 친구를 만나기 위한 과정'으로 해석하고 미팅과 소개팅을 열심히 했고, 누구는 '이제 더 이상 저런 여자 친구를 만날 수는 없을 것'이라고 해석하고 밤낮 술독에 빠져 살았다. 똑같은 경험에 대해서도 어떻게 해석하고 판단하는가에 따라 전혀 다른 기분이 되고, 전혀 다른 행동이 나오게 된다는 것을 알게 되었다.

우리가 매일 경험하는 스트레스도 마찬가지다. 우리를 괴롭히는 주범이라고 생각되는 스트레스의 실체를 살펴보면, 사건 자체보다 그 사건을 어떻게 해석하느냐가 더 중요하다. 그 해석에 따라서 사건은 견디기 힘든 스트레스가 되기도 하고, 또는 동기를 부여하는 자극이 되기도 한다.

스트레스뿐만이 아니다. 소위 우울증을 유발한다고 하는 사건도 마찬가지다. 어떤 사건을 매우 극단적인 위협으로, 변하지 않는 항구적 고통으로, 그리고 그것이 자기 책임인 것으로 해석하는 사람들이 우울증에 빠질 가능성이 훨씬 높았다. 반면 현실적으로 판단하고 해결 가능한 문제로 해석하며 죄책감에 덜 빠지는 사람들은 우울증에 걸릴 위험성이 낮았다.

개인이 가진 낙관주의와 비관주의가 이런 해석의 큰 틀을 결정하는 데에 많은 영향을 미친다. 자살하는 사람들의 심경을 헤아려봐도 마찬가지다. 내게 벌어진 별로 좋지 않은 사건, 또는 실수로 초래한 어떤 결과를 '해결 가능'하다고 보는가, 아니면 '해결 불가능'하다고 보는가에 따라서 자살 위험성은 크게 달라진다.

{ 세상을 긍정적으로 보는 3개의 눈 }

태어날 때부터 낙관주의자라면 얼마나 좋을까? 불행하게도 다 그렇지는 못하다. 하지만 다행스러운 소식은 낙관주의자로 태어나지 않았다 하더라도, 연습에 의해서 낙관주의자가 될 수 있다는 것이다. 아이가 자연스럽게 낙관주의를 체득할 수 있도록 다음과 같이 연습을 해보자.

첫째, 아이에게 '언어의 마술'을 적극 활용하자. 생각이 말을 만들고 말은 현실이 된다. 욕설을 입에 달고 사는 아이들을 보면 안타까운 마음을 금할 수가 없다. 그 욕설이 누구를 향한 것이든 그것은 파괴적이다. 순간적으로 힘든 감정을 이기지 못해 어쩔 수 없이 나온 것이라면 그나마 괜찮다. 문제는 습관적으로 욕설을 하는 아이들이다. 욕설은 결국 아이의 마음을 무너뜨린다. 욕은 누군가를 미워하는 마음에서 시작되지만, 미움은 그 대상에게 가지 않고 결국 자기 자신에게 돌아와 스스로를 파괴하고 만다. 그것을 아이에게 분명히 알려주어야 한다.

따라서 욕설 대신 긍정의 말을 할 수 있도록 격려하자. 아이의 뇌는 긍정의 언어를 통해 동기화되고 낙관적인 태도를 지니게 된다. 일상을 대하는 태도가 바뀌면 사람과 일을 대하는 감정이 달라져 해결책이 떠오른다. 예를 들어 초등학교 6학년인 현수네 모둠

이 과제로 연극을 준비했다고 하자. 대본은 좋았지만 소품이 부족해서 평가에서 B를 받았다. 이때 만약 소품 담당이 현수였다면 같은 모둠원 아이들은 현수를 비난하기 쉽다. 하지만 그런다고 문제가 해결되는 것은 아니다. 이런 경우 교사는 모둠원들에게 어려운 상황에서도 힘들게 준비해 준 현수를 격려하도록 도와줌으로써 비난의 대상이 되는 것을 막아주어야 한다. 그리고 다음 모둠 과제를 함께 힘을 모아 준비하도록 서로 격려하는 분위기를 만들어줘야 한다. 이것이 더 현실적인 접근 방식이다. 비난하기는 쉽다. 하지만 그것에는 열매가 없다.

둘째, 아이에게 '좋은 모델'을 제시하자. 부모들은 걱정이 많다. 언론에서 보도된 수많은 성범죄가 뇌리에서 떠나지 않는다. 나쁜 인간이 세상에 넘쳐나는 것 같다. 이런 걱정에 싸여 아이들에게 주의를 준다. 물론 그것이 나쁜 것은 아니다. 아이들에게 현실의 세상에서 닥칠 수 있는 위험 요소를 알게 하는 일은 필요하다. 하지만 너무 부정적인 애기만 해주는 것은 아닌지 주의할 필요가 있다. 나는 긍정과 부정의 비율이 8대 2 정도가 가장 좋다고 생각한다. 따라서 아이들과 이야기할 때 긍정적이고 아름다운 이야기를 해주는 비율이 80퍼센트는 되어야 한다. 실제로 나는 우리 사회구성원 중 최소한 80퍼센트 이상은 착하고 정직하다고 믿고 있다. 아이들도 그렇게 믿도록 도와주자. 그리고 이 80퍼센트에 해당하는 사람

중에서 아이의 역할모델을 할 사람도 많다. 대단한 정치가나 운동선수뿐만이 아니라 이웃의 작은 영웅들과 학교에 다니는 형이나 친구, 동생들도 아이의 훌륭한 역할 모델이 될 수 있다.

셋째, 너무 일찍 꿈을 결정하는 잘못을 범하지 않게 도와주자. 나와 상담을 하는 아이들 중에는 병이나 문제가 있는 아이들도 있지만, 미래를 준비하기 위해서 오는 아이들도 많다. 이 아이들과 상담하면서 느낀 점은 아이들의 꿈이 너무 구체적이고 현실적이라는 것이다. 국제변호사, 유엔 직원, 성형외과 의사 같은 특정 직업을 장래 희망으로 이야기하는 경우도 많았다. 그리고 그 직업을 갖기 위해 어떤 준비를 해야 하는지에 대해 구체적으로 설명하는 아이들이 많았다. 이 아이들과 꿈에 대해서 얘기하다 보면, 이것이 정말 아이의 꿈인지 어른의 꿈인지 헷갈릴 때도 종종 있다.

물론 꿈을 현실로 바꾸기 위해 좀 더 구체적으로 꿈을 생각하는 것이 나쁜 일은 아니다. 삶의 초점을 맞추고 에너지를 분산시키지 않는다는 측면에서는 옳은 말이다. 하지만 아이들이 꿈을 너무 일찍 정해버리면 무한한 가능성이 사장될 수도 있다.

우리 아이들이 주축이 될 미래에는 특정 직업을 갖는 것보다는 그 일에 임하는 자세가 더 중요해질 것이다. 실제로 동종의 직업을 가진 사람 중에도 살아가는 모습은 천양지차다. 그리고 앞으로 전개될 미래는 다양한 분야에서 폭넓은 경험을 쌓은 '일반화된 전문가_{general specialist}'가 주축이 되는 시대가 될 것이다. 따라서 자녀들에게 구체적인 직업을 꿈으로 갖도록 하는 것은 지양하자. 아이 스스로 구체적인 꿈을 자발적으로 꾼다고 하더라도, 많은 경험을 해본 뒤에 결정할 수 있도록 조언해 주자.

꿈이 현실이 되는 세상은 아이의 인생에서 그렇게 빨리 찾아오지 않을 수도 있다. 조급하게 결정하는 것은 후회를 남기기 쉽다. 그러므로 자신을 더 알기 위해 노력하고, 다른 사람들과 더 많이 교류할 수 있도록 도와주자.

꿈은 사막 같은 삶에 오아시스가 될 수 있다. 그리고 그것을 현실로 바꾸는 일은 일생동안 노력해야 하는 경우가 대부분이다. 하지만 특정 직업은 꿈이 될 수 없다. 자신의 에너지와 힘을 모두 쏟아붓고 마음을 그곳으로 집중하게 하는 그것이 바로 참다운 꿈이기 때문이다. 그리고 행복은 그 꿈과 아주 가까운 거리에 있다.

27

칭찬의 기술

우리나라 부모들은 칭찬에 인색한 경우가 많은 것 같다. 물론 나도 여기에 포함된다. 애정 표현에 익숙하지 않은 성장 환경 탓도 있고, 부모에게 칭찬을 많이 받아보지 못한 세대라는 특성도 작용한다. 칭찬을 해주고 싶은데 입안에서만 맴돌 뿐, 말로 표현하기가 아주 쑥스럽다는 부모도 많다. 또 칭찬을 하면 아이가 너무 우쭐해질까 봐 걱정하는 부모도 있다.

미국이나 호주 같은 나라에서는 아이들에게 칭찬을 너무 많이 하는 게 아닌가 싶을 정도로 칭찬이 일상화되어 있다. 부모들뿐만 아니라 학교 선생님, 교회 목사님, 이웃집 가족 등도 기회가 있을 때마다 칭찬한다.

한국에서 초등학교에 다니다 온 아이들이 이곳에서 받는 칭찬에 처음에 우쭐해 하는 것은 어떻게 보면 당연하다. 툭하면, "wonderful", "beautiful", "lovely", "excellent", "ridiculously great" 하고 칭찬을 한다. 칭찬과 관련된 형용사도 참 많은 것 같다.

칭찬에 인색한 우리나라에서도 한때 칭찬하기가 크게 유행한 적이 있다. 『칭찬은 고래도 춤추게 한다』는 책의 효과도 대단히 컸고, 아이들에게 칭찬을 자주 하지 못한 것에 대한 사회적 반성도 줄이어 나왔다. 하지만 칭찬이 모든 아이들에게 좋은 것만은 아니다. 칭찬은 중독을 일으킬 수 있다. 칭찬을 받기 위해서 어떤 일을 하게 되면 아이의 마음속에는 일이 아니라 칭찬이 목표가 되어버린다. 건강한 자기주장과 새로운 시도, 그리고 남다른 목표는 주변의 칭찬과 무관하게 발달하는데 그 과정을 응원하며 지켜보기만 하면 되는 경우가 많다. 또한 칭찬도 일종의 개입이므로 때에 따라서는 그저 해보라고 격려하고 지켜봐주는 것이 더 나을 때가 있다.

그런데 아이가 새로운 시도를 하다가 실패했을 때, 그런 상황에서도 칭찬해 줄 수 있는 부모는 얼마나 될까? 예를 들어 고등학교를 중퇴하고 요리를 배우고 싶어 할 때 자녀의 어깨를 따뜻하게 감싸 안아주면서 격려의 말을 해줄 수 있는 부모가 얼마나 될까? 사실 칭찬은 결과보다는 과정에 최선을 다했을 때 하는 것이 좋다. 성실하게 노력하고 규칙을 지키면서 자기가 선택한 일을 꾸준히 해 나갈 때, 부모의 칭찬 한마디는 아이에게 큰 힘이 되어줄 수 있다. 하지만 아이의 선택과 결과에 대해서 개입하는 것은 그것이 칭찬이라 할지라도 아이의 능력을 제한시켜버릴 수 있으므로 주의해야 한다. 본의 아니게 결과만을 놓고 칭찬하게 되는 경우 아이들은 과정이야 어떻든 결과가 좋아야 한다는 생각에 얽매일 수 있다. 아이가 칭찬을 받기 위해 성적표를 살짝 고치는 것쯤은 괜찮겠지 하고 생각하면 어떻게 되겠는가?

칭찬이 부족한 아이들도 있다. ADHD 증상을 보이는 아이들의 경우가 대표적이다. 이런 아이들은 아주 어린 시절부터 시작되는 특출한 과잉 행동과 산만함 때문에 많은 지적과 비난을 받아왔을 것이다. 아이의 특성을 이해 못하는 대부분의 사람들, 심지어 이런 증상을 지닌 아이의 부모들도 그저 '문제아'라고 생각하고 혼을 내서 가르치는 경우도 있다.

하지만 ADHD가 뇌 안의 조절 중추, 특히 대상회와 전전두엽과 연관된 회로의 문제로 발생하는 질병이라는 개념이 자리 잡으면서, 이 아이들을 대하는 방식도 달라지고 있다. 이런 인식을 하고 있는 부모들은 아이가 잘못한 일을 지적하고 혼내기보다는 일단 무시하고 거론하지 않는다. 대신 잘하는 일에 초점을 맞추어 칭찬한다. 잘하는 일이 없으면 부모가 나서서 잘할 수 있을 것 같은 간단한 심부름이나 과제를 주어서 칭찬해 준다. 매우 바람직한 접근 방식이다. 이렇게 칭찬을 받기 시작하고 혼나는 일이 줄어들면 아이들의 마음도 달라지기 시작해 '나도 괜찮은 사람이군' 하고 자존감이 높아진다. 또한 '이제 하고 싶은 일이 생기는데'라며 삶의 의욕을 발휘하기 시작한다.

이처럼 ADHD 아이들을 치료하기 위해서는 비난을 중단하고 작은 일에 칭찬을 해주는 것과 더불어 잘할 수 있는 방법을 구체적으로 가르치는 것이 좋다. 이것은 일종의 인지 행동 치료라고 할 수 있다. 이렇게 할 경우 아이는 잘할 수 있는 것이 많아져 칭찬을 더 많이 받게 되고, 부모의 비난은 줄어든다. 긍정의 순환 구조가 만들어져서 부모와 아이 모두 행복해지는 것이다.

{ 독이 되는 칭찬, 약이 되는 칭찬 }

좋은 칭찬과 나쁜 칭찬을 구별하는 또 하나의 기준이 있다. 바로 '동기'다. 내적 동기를 불러일으키는 칭찬은 좋은 칭찬이고, 동기를 약화시키거나 왜곡시키는 칭찬은 나쁜 칭찬이다.

내가 아는 아이의 얘기를 해보고 싶다. 이 아이는 한국에서 초등학교에 다니다가 미국에 갔다. 한국에서는 보통 정도의 성적을 유지했고 컴퓨터 게임에 관심이 많았지만 문제가 될 정도는 아니었다. 미국에 간 이후 한국에서와 같은 학년으로 들어갔다. 처음 6개월은 영어 때문에 어려움을 겪었지만 그 이후에는 전혀 문제가 되지 않을 정도로 빨리 언어에 적응하여 부모도 안심했다. 수학과 과학은 천재라는 말을 들을 정도였다고 한다.

미국 공립초등학교의 수학과 과학 수준은 우리나라에 비하면 쉬운 편이다. 기초 원리에 충실한 수업 목표 때문에 진도도 늦고, 한 주제를 여러 각도에서 다루기 때문에 중언부언한다는 인상도 받는다. 그래서인지 아이는 늘 수학과 과학 과목에서 1등을 했다. 공부를 전혀 하지 않아도 그랬다. 심지어 숙제는 5분 안에 다 해치울 정도였다. 성적이 좋아 학교에서는 늘 칭찬을 받았다. 아이 엄마도 흡족해했다.

그렇게 1년이 지났다. 아이는 여전히 학교 공부를 잘 따라갔지만 그때부터는 공부를 하겠다는 동기가 급격히 떨어졌다. 노력하지 않아도 잘한다는 칭찬을 받았기에 공부를 할 욕구가 생기지 않았던 것이다. 대신 여러 종류의 게임에 흠뻑 빠졌다. 학교 공부 외에는 다른 학습 대안이 없다고 생각한 부모도, 아이에게 새로운 자극을 주지 못했다.

지금은 중학생이 된 이 아이는 수학과 과학이 모두 뒤처져 있다. 어학 실력도 기초적인 회화는 되지만 심화 학습에 필요한 실력까지는 미치지 못했다. 미국 학교에 들어간 초기부터 기초학습에 더 매진하고 실력을 키웠어야 하는데, 칭찬에 중독되어 그 시간을 잃어버리고 게임에 빠진 결과였다. 이 아이는 미국 학교의 초기 적응 과정에서 칭찬이 오히려 독이 된 경우로, 공부에 대한 동기 부여가 안 되어 나태해지고 만 것이다.

그렇다면 아이의 내적 동기를 강화시키는 방법에는 무엇이 있을까? 무엇보다도 스스로 선택할 수 있는 권리를 많이 주어야 한다. 동기를 부여할 수 있는 선택권을 아이에게 많이 줄수록 동기 강화 양육은 성공적으로 이루어진다.

인간은 선택과 책임을 통해 성장한다. 어떤 것을 선택하든 책임지고 해나갈 때, 그것이 고통스러운 과정이든 달콤한 것이든 삶의 건강한 자양분이 된다. 따라서 아이가 스스로 선택할 수 있도록 격려해 주고, 어떤 것을 선택해도 책임감을 느끼고 끝까지 그 일을 완수할 수 있게 도와주자.

한편, 자녀에게 선택권을 주는 양육을 하기 위해서는 부모가 자녀와의 타협과 협상을 당연한 것으로 받아들여야 한다. 어린아이들은 인지 능력과 경험이 제한되어 있으므로 선택권을 준다고 해서 원하는 것을 아무거나 다 하게 할 수는 없다. 보통 초등 4학년까지는 부모가 몇 가지 가능한 선택의 범주를 정해놓고 아이가 그중 하나를 고르게 하는 게 좋다. 청소년기인 아이에게는 지신이 몇 가지 가능한 선택을 나열하게 하고 부모가 한두 가지를 정해주는 것이 좋다. 이때 협상을 잘해서 아이와 부모 모두 만족스러운 결과를 얻을 수 있도록 하는 것이 중요하다. 아이와 협상하거나 때로는 양보하는 것에 거부감을 갖지 말자. 모든 인간관계는 원래 협상과 양보로 이루어져 있다. 가족이라고 예외일 수는 없다.

이처럼 아이와 협상과 타협을 통해 선택권을 줄 때는 서두르지 않는 것이 중요하다. 부모가 선택을 강요하면 자녀는 도리어 파괴적인 선택을 할지도 모른다. 자기가 선택한 것에 대한 결과를 스스로 책임지는 아이로 자라도록 도와주는 것이 어쩌면 부모가 할 수 있는 전부인지도 모른다.

{ 체벌, 꼭 필요할까? }

훈육과 체벌 문제는 많은 부모들의 고민거리 중 하나다. 이 문제는 교육현장에서 큰 이슈가 되고 있다. 이제 학교에서는 체벌을 허용하지 않는다. 그러지 않아도 권위에 도전을 받고 있는 선생님들은 괴로운 탄식을 하고, 아이들의 인권에 대해서 고민했던 선생님들은 환영하는 분위기다.

체벌을 대체할 만한 다른 훈육 방법을 다양하게 마련할 때임이 분명하다. 아이에게 직접 손을 대지 않고 행동을 조절할 수 있는 대표적인 훈육법으로 타임아웃_{time out}이 있다. 학생이 그릇된 행동을 하거나 감정을 조절하지 못할 때, 그 활동을 잠시 중단시키고 다른 자극이나 영향이 미치지 않는 장소로 격리시키는 방법으로 통제가 어려운 아이에게는 스스로 감정을 추스를 시간과 반성할 시간을 주고, 교사 입장에서는 일단 아이를 현장에서 분리시켜 안정적인 상황을 유지할 수 있다. 또한 교사 자신도 더 이상 아이와 부딪히지 않고 자신의 감정을 조절할 수 있는 장점이 있다.

하지만 훈육이 체벌 없이 이루어진다고 해서 모든 게 달성되는 것은 아니라고 본다. 좀 더 미묘한 문제가 남아 있기 때문이다. 그것은 직접 때리지 않고 아이에게 상처를 줄 수 있는 언어 폭력 문제이다. 반복적인 언어 폭력은 일회적인 신체적 폭력보다 아이의 마음속에 더 심각한 상처를 입힌다. 게다가 신체적 폭력과 언어적 폭력을 동시에 당하게 되면 아이는 굴욕감과 자존감 손상, 분노와 복수심, 폭력적 문제해결 방식 습득 등으로 정말 씻기 어려운 상처를 받게 된다.

어른들은 가끔 "나도 옛날에 욕 무진장 얻어먹으면서 맞고 컸다"라고 쉽게 얘기한다. 하지만 그런 사람들에게 묻고 싶다. 그로 인해 얼마나 많은 콤플렉스에 시달리고 분노의 밤을 보냈으며, 얼마나 주눅이 들었는지 잊어버렸느냐고! 지나간 세월 속에서 잊거나 추억이 되었을지도 모른다. 그 당시에는 대부분이 그런 폭력 속에서 희생되었으므로, 나만 억울한 것은 아니라고 스스로를 위로할 수 있었을 것이다. 그러나 분명한 것은 폭력에 의해서 왜곡되어 버린 심상, 특히 자존감은 굉장히 오랫동안 그 사람을 위축시킨다. 이와는 반대로 겉모습을 감추고 포장하기 위해 위선적이 되거나 잘난 체하는 사람으로 만들 수도 있다.

따라서 어떤 형태든 폭력은 정당화될 수 없다. 그러나 예외도 있다. 아이에 대한 깊은 이해를 바탕으로 주의 깊게 선택된 체벌이 그런 경우다. 그러나 아이들에게 가해진 체벌 중 과연 얼마나 아이를 깊게 이해하고 교육적 목표 속에서 조율된 것이라고 할 수 있을까? 나에게 이에 관한 연구 자료는 없다. 개인적으로 짐작해 보는데, 가정에서 이뤄지는 체벌의 약 10퍼센트 이하가 아닐까 싶다.

가정에서 부모님에 의한 체벌도 이 정도인데, 하물며 학교에서 교육적 체벌을 기대하기는 더욱 어렵다. 학교에서 일어나는 대부분의 체벌은 아마 교육적이고 건전한 훈육법을 알지 못하거나, 순간적인 감정 조절에 실패했기 때문일 것이다. 또는 다른 대상에 대한 분노가 그 아이에게 표출된 것이거나 그냥 평소의 손버릇 때문일 가능성이 높다. 따라서 그런 체벌은 폭력이 되어 아이뿐만 아니라 부모와 교사에게도 마음속 상처와 짐을 남기게 된다.

폭력에 의한 희생자에 관한 뇌과학 연구와 외상후 스트레스에 관한 정신의학적 연구에서는 일관된 결과를 제시하고 있다. 어릴 때 받는 마음의 상처는 아이의 감정의 뇌에 심각한 상처를 준다는 것이다. 구체적으로 설명하면, 기억 중추이자 감정 조절 부위인 해마의 크기를 작게 하고 편도핵을 위축시키며 스트레스에 예민하게 반응하는(불안-우울 반응) 상처 입은 뇌를 만든다. 보다 심각하고 만성적인 학대는 지능 저하를 가져오기도 하고, 심각한 환청과 해리(자기분열)를 가져와 정신분열 양상과 인격의 와해까지 불러올 수 있다.

그러나 다행스러운 것은, 어른에 비해 회복 탄력성이 높은 아이들은 놀랄 만큼 상처를 치유하는 능력이 뛰어나다는 것이다. 또한 가족의 지지도 상처 치유 능력을 높여준다. 따라서 폭력이 가정 내에서 일어난 경우라면 가해자가 사과하고 용서를 빌어야 한다. 비록 그 희생자가 아이일지라도 말이다. 그리고 다른 가족들도 용서와 화해를 할 수 있도록 도와야 한다. 그러면 아이의 상처는 더 빨리 치유될 수 있다.

칭찬과 체벌은 매우 중요하므로 지금까지의 내용을 다시 한번 정리해 보자. 과도한 칭찬은 독이 될 수 있으니 조절할 필요가 있다. 그렇다고 칭찬이 너무 부족하면 안 된다. 힘들겠지만 칭찬의 적절한 정도는 부모가 판단해야 한다. 아이마다 조금씩 다르기 때문이다. 자신의 판단을 믿고 아이의 반응을 보면서 적절한 칭찬의 정도를 찾아보자. 또한 칭찬은 결과보다는 과정에 초점을 맞추어야 한다. 예를 들어 "20문제 중 16문제를 맞혔네. 잘했어"가 아니라 "20문제나 꾸준히 집중해서 잘 풀고 있구나. 잘했어"라고 하는 게 더 좋은 칭찬이다.

그리고 체벌은 가장 마지막 수단으로 사용하자. 아니 이왕이면 사용하지 말자. 불가피하게 체벌해야 한다면 정말 주의 깊게 아이의 입장과 잘못한 내용, 이유 등 전후 상황을 모두 파악하고 아이에게 꼭 필요한 경우에만 하자. 이때 체벌을 하는 이유를 아이에게 충분히 설명해 주고 절대 흥분한 상태에서 매를 들지 말자.

28

걱정과 불안이
너무 많은 아이에게

어른도 그렇지만 아이들도 걱정한다. 물론 아이에 따라 걱정을 많이 하는 아이도 있고 적게 하는 아이도 있다. 하지만 걱정이 너무 많아지면 그만큼 행복에서 멀어진다. 걱정이 불안을 낳고 불안은 걱정을 더 키운다. 예민한 아이에게 걱정과 근심을 일으키는 뇌 회로가 형성되면 평생 걱정과 근심의 악순환에 빠지게 된다. 아이의 행복을 디자인하는 데에 필수적인 것이 바로 걱정과 근심을 다룰 줄 아는 아이로 키우는 일이다.

그런데 요즘 아이들은 걱정거리가 너무나 많다. 사소한 시험에서부터 경시대회, 중간고사와 기말고사, 대학 입학을 위한 수능과 면접시험……. 사실 수많은 시험은 걱정거리이자 불안의 원인이다. 어디 시험뿐인가? 친구, 학교 선생님, 장래에 대한 걱정을 비롯하여 아빠의 건강 걱정까지 아이들은 부모도 미처 생각하지 못한 부분까지 수많은 걱정거리를 안고 산다.

뇌과학적으로 볼 때, 걱정은 전두엽의 좋은 기능 중 하나다. 전두엽은 계획을 세우고 일의 우선순위를 정하며 이를 실행하는 기능을 담당하고 미래에 대비하게 하는 중요한 역할을 한다. 즉, 걱정은 미래에 발생 가능한 문제에 대해 대비하게 하는 주요 기능인 셈이다.

하지만 지나치게 걱정이 많을 때 문제가 발생한다. 우리 뇌는 긍정적인 것보다는 부정적인 것에 민감하다. 좋은 일이 생기면 잠깐 기분이 좋을 뿐 그저 스쳐 지나간다. 작은 감동이 행복을 만드는데, 사실 우리 뇌는 그런 잔잔한 행복을 느끼는 데에는 둔감한 구조다. 반면 안 좋은 일은 기가 막히게 잘 기억한다. 기억하는 정도가 아니라 두고두고 하루에도 몇 번씩 되새김질하기도 한다. 소가 여물을 되새김질하듯 생각을 반복하고 후회하고, 복수를 다짐하고, 다시 생각하고 용서하는 과정을 하루에도 몇 번씩 반복한다. 이런 생각의 되새김질은 여성이 좀 더 많이 하는 것으로 나타났다.

문제는 이와 같이 걱정을 계속해서 되새김질하게 되면 걱정하는 마음이 뇌에 각인되고, 그것이 뇌 속 물질에 의해 강화되어 걱정회로가 만들어진다는 것이다. 이 회로는 어느 순간 걱정을 실제 현실로 만들어버리는 경우가 종종 있다. 따라서 지나친 걱정은 애당초 하지 않는 것이 좋다.

그렇다면 우리 뇌는 왜 이런 걸까? 왜 긍정적인 것보다 부정적인 것에 더 민감한 걸까? 왜 작은 행복은 잊어버리고, 작은 불쾌함은 오래 기억하는 걸까? 그 비밀은 진화 과정 속에 숨어 있다. 수만 년 동안의 진화를 통해 우리 뇌의 최우선 과제는 '자기 개체 보호'였다. 그래서 인간의 뇌는 자신에게 좋지 않았던 것, 무서웠던 것, 불안하게 만들었던 것, 화나게 했던 것 등 부정적인 것들을 잊지 않게 하여 그런 상황으로부터 미리 벗어날 수 있도록 진화해 왔다.

이와 같이 우리 뇌는 생존을 위한 방향으로 진화되었기 때문에 부정적인 것에 집착하고 되새김질하며 영원히 기억하도록 만들어져 있다. 그 결과 지나치게 불안해하고 걱정과 근심에 시달릴 수도 있다.

특히 아이의 경우 걱정을 지나치게 하면 건강을 해칠 수 있다. 실제로 걱정이 많아지면 잠을 제대로 못 자게 되고, 암담한 기분에 빠지게 되며, 무력감에 시달리거나 늘 긴장하면서 생활하여 신경성 두통, 복통, 과민성 대장 질환에 걸릴 수 있다. 또한 지나친 불안과 걱정은 신뢰나 공감 같은 긍정적 상호작용을 방해하여 사랑하는 사람과의 관계도 어긋나게 하고 새로운 대인관계를 맺는 것도 어렵게 할 수 있다.

{ 과도한 불안과 걱정 다루기 }

그렇다면 이렇게 힘든 불안과 걱정을 어떻게 다뤄야 할까? 이에 대해서는 여러 가지 접근법이 있지만, 여기에서는 '긍정적인 상상기법positive worry image'을 소개하겠다. 다음은 한 아이 엄마의 임상 사례다.

아이에 대해 과도하게 걱정을 하는 엄마가 있었다. 그녀는 아들이 초등학교 생활을 잘해왔음에도 걱정이 많았다. 아들이 키가 작고 힘이 약해서 중학교에 들어가면 따돌림을 당할 것으로 생각했다. 또한 아들이 제대로 학업을 따라가지 못할 것 같다는 걱정도 떨쳐버릴 수 없었다. 초등학교 공부는 쉬웠지만 중학교는 어려운 내용을 가르치므로 매우 힘들 것 같았기 때문이다. 그래서 그녀는 아들에게 과도한 선행학습을 시켰고, 친구 관계에 대한 질문도 계속하였다. 그 결과 아이와 엄마의 관계는 악화되고 말았다. 아들 역시 엄마의 걱정과 근심 때문에 자기에게 뭔가 문제가 있는 것 같다는 생각이 들었다고 했다.

이 경우 아이보다는 엄마에게 문제가 있어 보였다. 아이 엄마의 걱정이 전혀 근거가 없는 것은 아니었지만, 아이에 대한 과도한 걱정이 오히려 자식과의 관계를 악화시키고 있는 것처럼 보였기 때문이다. 아이 엄마도 이런 걱정을 떨쳐버릴 수 없다는 사실에 한편으로는 괴로워하고 있었다.

나는 아이 엄마와 상담을 한 후, 그녀가 과도하게 불안과 걱정에 시달리고 있다고 보고, 긍정적인 상상기법으로 그녀를 돕기로 했다. 상상기법은 세 단계를 통해 마음에 형성된 근심회로를 해체하고 긍정회로를 가동시키는 치유법이다.

첫 번째 단계에서는 복식호흡법을 한다. 평소에 하던 가슴으로 하는 호흡을 배로 바꾸는 것이다. 편안한 자세로 앉되 쿠션을 뒤에 받치고 의자에 앉거나 바닥에 방석을 깔고 앉아도 좋다. 그리고 숨을 들이쉬면서 서서히 아랫배를 부풀어 오르게 하고 숨을 내쉬면서 아랫배를 꺼트려 본다. 이때 풍선의 이미지를 떠올리면 더욱 도움이 된다.

두 번째 단계에서는 전신 근육의 긴장을 푸는 이완기법을 활용한다. 먼저 편안한 자세로 앉아서 눈을 감고 복식호흡을 한다. 그리고 몸의 각 부위를 떠올리면서 그곳이 편안하게 이완되고 있다고 생각해 본다. 대개는 하체에서 상체로 이어지는 순서로 떠올리게 하는데 어른들도 처음에는 어려워한다.

호흡과 동시에 발가락이 편안하게 이완되고 있다고 느껴본다.

그 상태에서 복식호흡을 계속한다. 그디음에 발 전체가 따뜻해지고 긴장이 풀리는 것을 느껴본다. 계속해서 발에서부터 올라가 발목, 정강이, 무릎, 허벅지 순서로, 그다음에는 손가락, 손, 손목, 팔, 팔꿈치, 어깨 순서로 이완되고 있음을 느껴본다.

이완기법은 처음에는 대부분 어렵다고 생각하지만 몇 번 해보면 익숙해진다. 이 기법을 실행하면 신체에 쌓여 있는 긴장이 풀려 마음이 아주 편해지는 것을 느낄 수 있다. 앉아서 하기 힘든 경우에는 누워서 해도 된다.

세 번째 단계는 상상기법이다. 눈을 감고 가장 편안했던 곳, 가장 안전했던 곳을 머릿속에서 떠올려본다. 그리고 그곳에 실제로 가서 편안하게 쉬는 모습을 상상하면 된다. 그곳의 풍경, 온도, 공기의 냄새까지 느끼게 하면 더욱 좋다.

이와 같이 긍정적인 상상기법은 복식호흡법, 이완기법, 상상기법을 단계적으로 밟아가는 치유법으로, 어떤 일로 인해 걱정과 근심이 생길 때 좋은 결과를 마음속으로 떠올려 시각화한다. 이것을 반복하여 연습하면 과도하게 불안해하거나 근심하는 대신, 마음을 편하게 유지할 수 있다. 실제로 불안감을 감소시키고 자신감을 증진시키는 데 있어 탁월한 효과가 있는 것으로 알려졌다.

앞에서 예로 든 아이 엄마에게 나는 아이가 중학교에 올라가 친구에게 따돌림을 당할 거라는 근심을 거꾸로 돌려, 아이가 '네 명의 친한 친구들을 사귀어 함께 운동하는 모습'을 상상하도록 유도했다. 그리고 아이가 반장으로 선출되어 리더십을 발휘해 선생님에게 칭찬을 받는 모습을 상상하게 했다. 이와 같은 긍정적 상상기법은 주기적으로 활성화되던 아이 엄마의 '근심 회로'를 차단해 주는 효과가 있었다. 뇌과학적 또는 정신의학적으로는 '불안 근심 회로'의 활성을 억제하고, '긍정-자신감 회로'를 촉진시키는 결과가 나타났다.

상담이 계속 진행되면서, 아이 엄마는 많이 편안해진 모습으로 진료실에 왔다. 그리고 그제야 아들에 대한 과도한 걱정이 사실 자신의 중학교 때 경험과 밀접한 관련이 있다는 것을 기억해 냈다. 작은 키 때문에 놀림 받던 일, 인기 있는 반장 아이에게 밉게 보여 고생했던 일, 갑자기 어려워진 수학 때문에 밤잠을 설치면서 고민하던 일 등이 자연스럽게 떠올랐던 것이다. 그리고 자신의 경험이 아들에게 투사되어 쓸데없는 걱정과 근심으로 아들을 못살게 굴었다는 생각이 미치자 아들에게 사과하였다. 불필요한 걱정과 근심이 복식호흡법, 이완기법, 상상기법에 의해 조절되자 뇌의 회로망이 변형되기 시작한 것이다.

뒷동산 언덕에서 눈썰매를 타본 경험이 있는 사람은 기억날 것이다. 처음 눈썰매를 타고 언덕을 내려갈 때는 여러 방향으로 나뉜다. 하지만 하나의 길(대개 가장 빠른 속도로 내려갈 수 있는 길)이 만들어지면, 그다음부터는 거의 그 길로 썰매가 내려간다. 그 길을 자기 마음대로 바꾸려고 노력해도 잘 바뀌지 않는다. 우리 근심 회로도 마찬가지다. 일단 근심 회로가 반복적으로 작동하면 매우 민감해져서 그전에는 반응하지 않던 작은 자극에도 회로가 작동하게 된다. 그 결과 점점 더 근심이 많아지고 자주 마음속에 떠오르게 된다.

근심 회로가 비교적 최근에 만들어져 자주 작동되지 않았다면, 긍정적인 상상기법을 어느 정도 실시해서 비교적 쉽게 바로잡을 수 있다. 하지만 근심 회로가 수년 혹은 수십 년간 반복적으로 작동되었다면, 대개 오랜 시간의 상담과 훈련이 필요하고 추가적으로 약물요법 등을 병행해야 할 때도 있다. 그러나 다행히도 아이들은 고착화된 근심 회로를 갖고 있는 경우는 별로 없어 비교적 치료가 용이한 경우가 많다.

29

부정적 기억을 몰아내는
의지력 회로

뇌가 부정적 정서에 지배되는 이유는 진화 과정에서 우리 자신을 보호해야 하는 중요한 책임을 지니고 있기 때문이다. 따라서 불안, 분노, 우울을 나쁜 것으로만 취급하지 않았으면 한다.

사실 불안은 미래를 대비하여 준비하게 하고, 분노는 굴욕에 맞서 우리의 권리와 자존심을 지켜낼 수 있게 도와주며, 우울은 실패를 인정하고 스스로를 돌아보고 재점검하게 하는 긍정적인 역할도 한다. 하지만 부정적 감정이 필요한 상황에 적절한 역할을 하는 것이 아니라 부적절하고 불필요한 상황에 불현듯 반복적으로 나타나 부모와 아이의 정서를 지배한다면 문제가 될 수 있다.

부모가 아이를 키우면서 느끼고 떠오르는 여러 생각과 감성들은 놀랍게도 부모 자신의 경험, 특히 자신의 어린 시절이 반영된 것이 많다. 어린 시절 부모와의 관계에서 경험했던 기억이 자기도 모르게 남아 있다가 아이와 상호작용을 하면서 튀어나오는 경우가 대부분이기 때문이다.

인간의 기억 중 잠재기억은 매우 중요한 역할을 한다. 잠재기억은 의식에 떠오르지 않은 채 감정에 영향을 주며 행동에도 영향을 미친다. 그리고 어떤 상황에 처했을 때 즉각적으로 나타나기 때문에 '기억한다'는 것을 전혀 의식하지 못한 채 작동하여 우리를 불편하고 불안하게 하며 우울하게 만든다.

이 잠재기억이 바로 어린 시절의 경험과 연관되어 있으며 은연중에 아이들을 키우는 데에 영향을 미친다. 나 역시 아이에게 평소에 대수롭지 않게 얘기하거나 가르칠 때 과거의 모습이 떠올라 깜짝 놀랄 때가 있다. '아! 정말 이건 내가 옛날에 아버지에게 들었던 그 이야기와 어쩜 이리 똑같을까?' 하고.

이러한 잠재기억의 작용은 감정적으로 자극받았을 때 더 자주 나타난다. 괜히 화가 나거나 짜증이 날 때, 우울해지고 쓸쓸해질 때 잠재기억이 갑자기 반응하기 때문이다. 우리의 기억 중 감정적인 영역은 편도핵amygdala의 영향을 많이 받는다. 편도핵은 대뇌 변연계에 존재하는 아몬드 모양의 뇌 부위로 공포, 불안, 분노, 우울 등의 부정적인 감정 기억을 많이 담고 있다. 그래서 편도핵을 건드리면 부정적인 기억이 작동하기 시작하여 불안과 분노, 우울 등의 감정들이 무의식적으로 튀어나오는 것이다.

{ 왜 부정적인 기억에 얽매이게 될까? }

아이를 키우다 보면, 크게 혼을 내고 나서 아차 싶을 때가 있다. 또 나도 모르게 아이에게 화를 내고 나중에 미안해질 때도 있다. 바로 그럴 때 부모는 어린 시절의 경험에 지배받기 쉽다. 어른이 되고 나서도 여전히 우리는 누군가에게 돌봄을 받기를 원한다. 우리 안에 어린아이가 살고 있기 때문이다. 그 아이가 사는 곳이 편도핵일 수 있다. 나의 경험을 예로 들어보겠다.

아내가 특별히 갈비찜을 만든 뒤 저녁 식사를 하라고 불렀다. 그때 나는 마침 중요한 이메일을 쓰고 있었다. 몇 분 안에 마칠 수 있을 것 같았고 메일을 보낸 후에 먹으면 된다는 생각이었다. 아내와 아이들이 한 번 더 "저녁 드세요"라고 외쳤지만, 나는 "금방 갈게" 하면서 이메일을 마저 다 완성해서 보낸 뒤 식탁으로 가서 앉았다. 평소에 식사시간 만큼은 잘 지켜서 함께 식사할 것을 강조했던 나였지만 그날은 어쩔 수가 없었다고 생각했다.

그런데 이게 웬일인가! 그날의 특별식인 갈비찜이 한 조각밖에 남아 있지 않았다. 늦게 온 내가 잘못이기에 어쩔 수 없었다. 하지만 나는 은근히 부아가 나서 아내에게 괜한 트집을 하고 투정을 부렸다. 이때 내 안에 있는 어린아이는 순간적으로 엄마를 떠올렸다. 항상 나를 기다려주던 엄마, 늦게 와도 내 갈비만큼은 남겨놓았다가 따뜻이 데워주었던 엄마를 말이다. 엄마와 아내가 비교되는 순간 나는 투정과 심술을 부리고 말았다. 그런데 이런 어릴 적 기억은 내가 '기억한다'는 인식없이 순간적으로 나타나서 나의 감정을 지배하고 나를 어린아이처럼 만들어버린다.

그때 문득 나의 이런 투정이나 심술을 아이들이 그대로 보고 있다는 것을 깨달았다. 아무리 그럴듯한 교훈으로 포장하려고 해도 이미 때는 늦었다. 아이들은 이미 내 행동을 보고 더 정확하게 나를 꿰뚫어 보고 있었다.

감정의 지배를 받아 후회할 행동이나 말을 할 때, 우리는 불쑥 튀어나온 어린아이 때문에 당황하게 된다. 하지만 아이들과의 행복한 관계를 위해서라도 이런 상황이 반복되는 것은 결코 좋지 않다.

이는 우리가 의식적으로 아이들의 눈높이에 맞추어 놀아주는 것과는 전혀 다르다. 의식적으로 우리의 마음을 아이들의 눈높이에 맞추어 대해주면 아이들은 매우 행복해한다. 하지만 어린 시절의 영향으로 불쑥 튀어나오는 부정적인 감정은 아이들을 놀라게 하거나 불안하게 만들 수 있다.

어른 중에는 자신이 아직도 어린 시절의 기억에 무의식적으로 지배받고 있다는 말을 들으면 불쾌해하는 사람도 있다. 하지만 뇌는 경험을 통해서 만들어진 신경망에 따라서 작동하는데, 특히 부정적인 경험들에 의해서 더 많은 영향을 받도록 디자인되어 있다.

우리는 어린 시절에 일어났던 경험들을 통해 생활에 필요한 기본적인 것들을 익히고 배워왔다. 『내가 정말 알아야 할 모든 것은 유치원에서 배웠다』라는 책의 제목을 굳이 예로 들지 않더라도 사람을 대하는 방식, 세상을 보는 눈, 스스로를 판단하는 힘은 어린 시절의 경험에 거의 절대적으로 의존한다. 일단 이런 사실을 인정하면 어린 시절의 경험에 의해서 영향을 받는 부모의 마음을 아주 자연스러운 것으로 받아들일 수 있다.

{ 부정적인 기억을 긍정적인 기억으로 바꾸기 }

우리가 어린 시절의 경험에 의해서 많은 영향을 받고 있다는 것을 인정한다면 부정적인 기억의 영향력을 줄여나가는 법을 익혀야 한다는 것에도 공감할 것이다. 새로운 경험들을 통해 이미 과거의 부정적인 영향력을 거의 제거한 부모도 있을 것이다. 반대로 어린 시절의 부정적인 경험에 아직도 영향을 받아서 부정적인 영향을 주고 있는 부모도 있을 것이다. 대부분의 부모들은 이 사이 어딘가에 해당할 것이다.

그러면 어떻게 부정적인 영향력을 줄여나갈 수 있을까? 이를 위해서는 무엇보다도 현재의 경험들 중에서 긍정적인 경험을 잘 인식하여 그것으로 과거의 좋지 않은 기억과 대치시켜야 한다. 이는 우리 뇌의 작동원리를 이해하면 간단하게 할 수 있다. 뇌는 새로 배운 것으로 과거의 경험을 대치시킬 수 있다. 예를 들어 매일 경험하는 것 중에서 긍정적인 측면에 초점을 맞추면 과거의 아픈 경험이 아름다운 경험으로 대치되어 내면화된다. 이때 우리의 뇌에 새로운 긍정적인 경험의 회로가 만들어진다. 아이는 이 회로 덕분에 더욱더 세상을 긍정적으로 볼 수 있을 것이다.

지금까지의 이야기를 다시 한번 천천히 음미하면서 다짐하자. "매일 경험하는 것 중에서 긍정적인 측면에 초점을 맞추어 아름다운 경험을 내면화시키자. 그리고 뇌 안에 새로운 긍정적인 경험의 회로를 오늘 하나 더 만들자. 이 아름다운 회로를 아이에게 선물로 주자. 아이는 이 아름다운 경험 회로 덕분에 세상을 긍정적으로 볼 수 있을 것이다."

그리고 다음의 세 가지 단계를 실천해 보자.

첫 번째 단계에서는 현실을 의미 있는 경험으로 바꾸어보자. 현실은 뇌에 별로 영향을 미치지 못한다. 실제로 경험을 해야 바뀐다. 예를 들어 아름다운 꽃이 피어 있다는 사실 자체는 우리에게 아무런 영향을 주지 못한다. 꽃의 아름다움을 경험해 봐야 뇌가 바뀐다.

우리는 오감을 통해서 아름다움을 경험할 수 있다. 이를 위해 시간을 두고 꽃을 바라보고 꽃의 향기를 맡아보자. 꽃을 피부에 대보기도 하자. 일상의 긍정적인 것들도 의식적으로 경험해야 내 것이 되어 뇌의 회로가 바뀔 수 있다. 그래서 이제부터라도 평소에 인사를 나누며 지내는 사람들, 열심히 노력해서 마무리한 제안서, 아이들에게 만들어준 맛있는 음식, 깔끔하게 정리 정돈된 책상, 아이가 해놓은 숙제와 과제물, 아이가 준 한 줄짜리 편지, 정성스레 가꾼 화분에 놀러 와준 벌과 나비를 지긋이 바라보면서 의식적으로 그것들을 경험해 보자.

두 번째 단계에서는 경험한 것을 음미해 보자. 좀 더 집중해서 시간을 두고 쳐다보면서 만져보고, 느껴보고, 향기를 맡으면서 때로는 맛도 느껴보자. 5초, 10초, 20초, 시간을 늘려가 보면서 이 과정을 반복해 보자. 그리고 이 세계에 더 깊이 들어가보자.

이것을 아이에게도 적용해 보자. 아이와 놀 때 그 아이에게만 집중해 보자. 하루에 단 10분이라도 좋다. 아니 5분도 좋다. 전화도 받지 말고, 회사 일도 생각하지 말고 아이와 함께 시간을 보내자. 그리고 그때 부모로서 당신의 감정을 그대로 느껴보자. 아이와 함께할 때의 그 기쁜 감정을 그대로 느껴보고, 가슴이 따뜻한 감각으로 물드는 것도 느껴보자. 그리고 오로지 아이와 시간을 보내며 함께할 때의 기쁨과 따뜻함이 얼마나 큰 상이고 복인지 떠올려보자. 그리고 '나는 복을 받았다. 오늘 정말 좋은 복을 받았다. 내일도 받아야지'라고 다짐해 보자.

세 번째 단계에서는 경험에 상상을 가미해 보자. 예를 들어 앞에서 했던 꽃향기의 경험을 바탕으로 상상의 나래를 펼쳐보자. 꽃향기가 당신의 몸과 마음속으로 들어와 가득 채운다는 상상을 해보자. 꽃향기가 당신의 뼛속까지 깊숙이 들어와 자리를 잡고 이 꽃향기가 당신의 몸 구석구석까지 퍼져나가 향기로운 내음이 가득 차는 것을 느껴보자. 이러한 일상의 좋은 경험이 어린 시절 겪었던 당신의 고통을 덜어주고 지워주는 것을 경험하게 될 것이다.

긍정적인 경험은 부정적인 경험을 다스리고 대치해 주는 역할을 한다. 마음속에 과거의 부정적인 경험과 현재의 긍정적인 경험이 중첩되면 이 두 가지 경험은 서로 연결된다. 예를 들어 따뜻하고 적극적으로 지지해 주는 상담가와 단둘이 앉아, 힘들었던 어린 시절 얘기를 하는 것만으로도 상처받은 마음이 치유되는 경우가 많다. 그것은 과거의 힘든 기억이 상담가와 나눈 대화를 통해 위로와 함께 격려를 받아 안심이 되기 때문이다.

평소에 긍정적인 경험을 음미하고, 그것을 마음과 몸속 깊숙이 받아들여 보자. 그러면 삶의 태도가 긍정적으로 변하고, 과거의 좋지 않은 기억이 줄어들며 몸과 마음이 치유되고, 자녀들과도 자연스럽게 행복을 주고받게 될 것이다.

아이의 뇌

초판 1쇄 발행 2024년 12월 11일
초판 4쇄 발행 2025년 2월 3일

지은이 김붕년
펴낸이 김선준

편집이사 서선행
책임편집 임나리 **편집1팀** 이주영, 천혜진
디자인 김세민
마케팅팀 권두리, 이진규, 신동빈
홍보팀 조아란, 장태수, 이은정, 권희, 박미정, 이건희, 박지훈, 송수연
경영관리팀 송현주, 권송이, 윤이경, 정수연

펴낸곳 ㈜콘텐츠그룹 포레스트
출판 등록 2021년 4월 16일 제2021-000079호
주소 서울 영등포구 여의대로 108 파크원타워1, 28층
전화 02) 332-5855 **팩스** 070) 4170-4865
홈페이지 www.forestbooks.co.kr
종이 ㈜월드페이퍼 **출력·인쇄·후가공·제본** 한영문화사

ISBN 979-11-93506-98-1 03590

㈜콘텐츠그룹 포레스트는 독자 여러분의 책에 관한 아이디어와 원고 투고를 기다리고 있습니다. 책 출간을 원하시는 분은 이메일 writer@forestbooks.co.kr로 간단한 개요와 취지, 연락처 등을 보내주세요. '독자의 꿈이 이뤄지는 숲, 포레스트'에서 작가의 꿈을 이루세요.